DeepSeek
打开财富密码

陈根·著

電子工業出版社
Publishing House of Electronics Industry
北京·BEIJING

内 容 简 介

本书全面解析了DeepSeek的崛起历程、技术突破及其对AI行业的深远影响。全书共6章，第1章追溯DeepSeek的起源与发展，展示其从初创到全球爆火的历程；第2章通过“AI领域拼多多”的比喻，分析其低成本、高性能的商业化路径，并深入探讨其核心技术；第3章介绍相关应用方法，包括优化交互方式、调用API服务、本地部署模型等；第4章、第5章分别分析DeepSeek引发的行业变革，以及其AI能力在垂直行业领域的应用前景；第6章剖析AI行业发展中的挑战与机遇，为未来AI行业发展提供思考方向。

本书适合希望拥抱AI时代、借助AI技术实现突破与超越的各界读者阅读。

图书在版编目（CIP）数据

DeepSeek : 打开财富密码 / 陈根著. -- 北京 : 电子工业出版社, 2025. 3. -- ISBN 978-7-121-49879-4

Ⅰ. TP18

中国国家版本馆CIP数据核字第2025Y87U98号

责任编辑：宁浩洛
印　　刷：天津千鹤文化传播有限公司
装　　订：天津千鹤文化传播有限公司
出版发行：电子工业出版社
　　　　　北京市海淀区万寿路173信箱　　邮编：100036
开　　本：720×1 000　1/16　印张：15.5　字数：200千字
版　　次：2025年3月第1版
印　　次：2025年3月第1次印刷
定　　价：68.00元

凡所购买电子工业出版社图书有缺损问题，请向购买书店调换。若书店售缺，请与本社发行部联系，联系及邮购电话：（010）88254888，88258888。

质量投诉请发邮件至zlts@phei.com.cn，盗版侵权举报请发邮件至dbqq@phei.com.cn。

本书咨询联系方式：（010）88254465，ninghl@phei.com.cn。

前　　言

PREFACE

2025 年注定是不平凡的一年。

2025 年伊始，DeepSeek（深度求索）的 AI 模型和春节档电影《哪吒之魔童闹海》（以下简称《哪吒 2》）横空出世，迅速成为各自领域的现象级作品，成功破圈，让中国在科技与文化两个领域接连震撼整个世界。

《哪吒 2》自 1 月 29 日春节档上映以来，票房一路高歌猛进，不仅跻身全球影史票房榜 TOP10，更是登顶全球动画电影票房榜。

DeepSeek 则是在人工智能这一前沿科技领域让世界看到中国力量。DeepSeek 发布的 DeepSeek-R1 模型，在全球知名 AI 模型评测平台 Chatbot Arena 上，基准测试排名升至全类别大模型第三，在风格控制类模型分类中与 OpenAI o1 并列第一；其应用登顶苹果应用商店中国地区和美国地区免费 App 下载排行榜，成为全球用户增速最快的 AI 应用。

DeepSeek 甚至凭一己之力，引发美股震荡。DeepSeek 通过混合专家模型、多头潜在注意力机制、强化学习等技术创新，显著降低了模型训练和推理的算力消耗，因而引发了市场对算力重要性的怀疑。受此影响，美国科技巨头股价集体大跌，当地时间 1 月 27 日，英伟达股价暴跌约 17%，博通股价下跌 17%，超威半导体股价下跌 6%，微软股价下跌 2%，就连比特币等虚拟货币也未能幸免，价格随之下跌。

DeepSeek 真的有这么牛吗？我可以很明确地说，是的。DeepSeek 的颠覆性主要体现在两个方面：

一方面，DeepSeek 以极低的成本打破了美国科技巨头在 AI 领域的垄断。要知道，AI 的发展向来是一场围绕算力、算法和数据的竞赛。在 OpenAI、谷歌、Anthropic 等企业的统治下，市场普遍认为，要想打造一个足够强大的 AI 模型，就需要投入海量的算力和资金。这也导致这几年 AI 产业一直在向寡头化演进。但就在所有人都以为 AI 赛道已经固化的时候，DeepSeek 横空出世，打破了这一认知。其模型以极高的性价比和强大的性能在全球 AI 竞赛中杀出重围，也让世界看到了 AI 领域的中国力量。

另一方面，DeepSeek 开创了一种全新的 AI 发展模式——开源+轻量化，进而改写了 AI 产业的竞争格局。DeepSeek 的崛起，并不仅仅是一个新 AI 企业的崭露头角，而是一次商业模式、技术路径和行业应用方式的重大变革。

DeepSeek 选择了一条与传统大模型完全不同的发展路径，它没有追求超大规模的参数，而是通过轻量化的 AI 解决方案，让 AI 在更低的计算资源下运行，使 AI 真正普及化。它不仅让 AI 服务变得更便宜，还开放了模型源代码，让所有开发者都能在其基础上构建自己的 AI 模型，这种模式将颠覆 AI 产业现有的封闭体系。

无论是个人，还是行业，都会因为 DeepSeek 的开源及其简易的本地部署方式与可及的专属训练空间而受益。人人拥有 AI 助手的时代因此提前到来。换言之，DeepSeek 使我们看到了 AI 让个体能力提升，让 AI 应用进入千行百业，落地赋能社会，打开万亿级市场的真正可能。

站在个体角度上，过去，AI 技术往往掌握在大企业手中，普通人想使用 AI，通常只能依赖封闭平台。而 DeepSeek 的开源+轻量化 AI 模式，允许任何人进行个性化的 AI 模型微调，这彻底改变了当前 AI 产业的商业模式。现在，AI 不再神秘，变得人人可用，人人可调，人人可受益。

DeepSeek 允许任何个体或企业在本地部署 AI，并通过微调训练使其适应自己的需求。这意味着，个人能力可以借助 AI 成倍提升：一个普通的上班族，可以通过 DeepSeek 提高写作、编程和数据分析的效率；一个自由职业者，可以用 DeepSeek 快速生成商业计划书，优化社交媒体内容，甚至完成法律文书的撰写。就连知识主播和直播带货达人，都可以利用自己所在领域的独有数据对 DeepSeek 模型进行针对性的训练，以打造一个属于自己的 AI 数字孪生人。

DeepSeek 让 AI 不再只是科技巨头的生产力工具，更成为个体崛起的智能助手。未来的人类将分成两种——会用 AI 的人与不会用 AI 的人，二者之间的差距将随着 AI 的普及而越来越大。

如果说 DeepSeek 提升了个体的生产力，那么它对行业的影响更是颠覆性的。AI 的真正价值，不仅在于它的技术突破，更在于它在千行百业中的应用，为社会创造了实实在在的价值。DeepSeek 以轻量化 AI 的模式，让 AI 应用的成本大幅降低，使得它可以深入每一个行业，推动生产力的大幅提升。

在医疗行业，本地部署的 DeepSeek 模型可以用来辅助医生进行医学影像分析，提高疾病筛查的效率，甚至可以作为医生的智能助手，帮助整理病历、生成诊断报告，让医疗服务更加精准和普惠。

在金融行业，DeepSeek 能够快速分析海量市场数据，预测经济趋势，优化投资策略，甚至可以帮助银行和保险公司自动处理合规报告，降低运营成本。

在法律行业，DeepSeek 已经展现出了巨大的潜力，它可以进行智能合同审查、自动化法条检索，甚至为法官提供案件判决参考，大幅提升司法效率。

在教育行业，DeepSeek 使个性化教学成为可能，学生可以借助 AI 进行智能问答，教师可以用 AI 辅助备课和批改作业，让教育资源更加公平和高效。

……

这些行业的市场规模都足够庞大，AI 的深度渗透将催生出全新的商业模式，推动 AI 产业进入真正的万亿级市场。

未来，AI 竞争将不再是少数几家头部企业的烧钱游戏，无数中小企业、开发者、科研机构都有机会参与 AI 产业发展。这也让全球 AI 行业进入了一个全新的阶段——竞争的焦点不再仅仅是“谁的 AI 模型更大更强”，而是“谁能更好地将 AI 赋能行业和实际应用”。DeepSeek 的开源策略，让全球 AI 生态系统迎来了更加开放和去中心化的发展方向，这不仅为中国 AI 产业提供了突围机会，也让 AI 发展真正进入“普惠时代”。

当然，这不是让大家盲目崇拜 DeepSeek，而是要理性地看待 DeepSeek 的突破和价值。只有客观，才能真正把握新一波 AI 浪潮的机遇，包括如何真正善用 AI，以及如何通过 DeepSeek 赋能各项任务，赋能行业。

事实上，AI 产业每天都有让人眼前一亮的进展，DeepSeek 的成功是昙花一现还是“哪吒降世”依然需要时间来验证。并且，虽然 DeepSeek 成功地把 AI 应用的成本打下来了，但算力仍然是制约 AI 发展的重要因素。没有算力，就不可能实现 AI 落地应用。

除了算力，DeepSeek 及整个 AI 产业还要面对许多新的挑战，比如，DeepSeek 带来开源 AI 的兴起，让 AI 监管变得更加复杂，本地部署的 AI 使传统的云端监管体系失效。随着 DeepSeek 模型的大规模应用，如何确保 AI 的合规性、如何防范 AI 被滥用、如何建立新的 AI 监管机制，都是未来必须面对的问题。同时，AI 模型训练对高质量数据的需求激增，促使全球科技公司开始抢占数据资源，如何获得高质量的大数据将是接下来 AI 产业发展的新竞争点。未来，随着 AI 需求的增长，数据的获取和管理将成为新的瓶颈，AI 产业也将进入一个全新的竞争阶段。

本书的写作目的，就是尽可能地向大家全面解析 DeepSeek 及其影响。同时，在这个 AI 私人定制时代，教会大家如何借助 DeepSeek 模型实现本地部署、开展本地应用。让所有人，都可以低成本地基于 DeepSeek 模型来打造一个自己的专属 AI。

我将从多个角度深入剖析 DeepSeek 的发展历程、技术原理、应用方法：向大家介绍 DeepSeek 从诞生到爆火的全过程；讨论 DeepSeek 如何用低成本、高性能的方式让 AI 真正普及化，并剖析其背后的技术原理；详细介绍如何使用 DeepSeek，包括优化 AI 交互、打造私人 AI 助手等，让读者能够真正上手并利用 DeepSeek 赋能自己的业务。在本书的后半部分，我还将和大家一起讨论 DeepSeek 如何改变 AI 产业的商业模式，分析 DeepSeek 在医疗、金融、法律、教育、科研、创作、电商、设计、交通、制造等行业的实际应用。本书文字表达通俗易懂，内容深入浅出、循序渐进，无论你是对 DeepSeek 感兴趣的大众读者，还是深耕相关领域的专业人士，希望这本书都能帮助你深入了解突然爆火的 DeepSeek 以及 DeepSeek 对未来产生的影响和冲击，并启发你思考 AI 在未来的无限可能。

陈根

2025 年 2 月

目　　录
CONTENTS

DeepSeek 的前世今生

1.1 干翻 GPT，DeepSeek 爆火出圈

DeepSeek 彻底火了——2025 年一开年，被宣传“干翻 GPT”的 DeepSeek 几乎成为全世界科技圈唯一热议的焦点。

自 2023 年春节被 OpenAI 的 ChatGPT 引爆以来，人工智能这一话题在 2024 年春节依然火热，那时围绕的是 OpenAI 的 Sora，而进入 2025 年春节，出现了变与不变。不变的是，这个春节依然被人工智能所点燃，而变的是，这次的焦点由美国的科技公司变为了中国的科技公司。

DeepSeek 的火爆程度超乎想象。美国当地时间 1 月 27 日，纳斯达克指数出现 3%的下跌，市场分析认为，原因就是中国人工智能初创公司 DeepSeek 的最新突破，引发了美国投资者的关注，DeepSeek 甚至被认为动摇了美国科技行业的“无敌”地位。

具体而言，1 月 27 日当日，美国芯片巨头英伟达（NVIDIA）股价暴跌约 17%，半导体公司博通（Broadcom）股价下跌 17%，超威半导体公司（AMD）股价下跌 6%，微软股价下跌 2%。此外，人工智能领域的关联行业企业，如电力供应商的股价也受到重创，美国联合能源公司股价下跌 21%，Vistra 股价下跌 29%。

而与此同时，DeepSeek 应用登顶 15 个国家和地区的苹果应用商店免费 App 下载排行榜，超越了 ChatGPT 及 Meta、谷歌、微软等公司的生成式 AI 产品。

面对突然出圈的 DeepSeek，很多人最好奇的问题就是：这个

DeepSeek 到底是什么？为什么突然这么火？

DeepSeek 是一家中国人工智能公司，全称是杭州深度求索人工智能基础技术研究有限公司，由著名量化私募幻方量化支持。幻方量化以其雄厚的资金实力，为 DeepSeek 提供了强大的资金支持。

2023 年 11 月 29 日，DeepSeek 发布了通用大模型 DeepSeek LLM。不过，当时市面上已经有 GPT-4、Claude-3.5、Gemini 等国际顶尖模型，甚至在国内曾经的“百模大战”中，它都属于不起眼的小角色。因此，DeepSeek LLM 的出现并未在市场上引起太多关注。

让 DeepSeek 引发关注的，是五个月后的 DeepSeek-V2。2024 年 5 月 7 日，DeepSeek-V2 发布，一发布就开源。

在中文综合能力评测 AlignBench 中，DeepSeek-V2 成为最强的开源模型，甚至与 GPT-4 Turbo、文心 4.0 等闭源模型处于同一梯队。而在英文评测 MT-Bench 中，它与当时最强的开源模型 Llama3-70B 不相上下，甚至超越了 Mixtral-8×22B 等混合专家模型。在知识、数学、推理、编程等多个领域，DeepSeek-V2 也都排名前列。更重要的是，它的 API 价格只有 GPT-4o 的 2.7%，这直接引爆了国内大模型的价格战，字节、阿里、百度、腾讯全部跟进降价。

而这只是 DeepSeek 掀起的第一波风暴。2024 年 12 月 26 日，DeepSeek-V3 发布，再次开源，它的性能比 V2 版本更进一步，直接挑战国际闭源大模型。无论是知识类任务、长文本理解、编程能力，还是数学运算，DeepSeek-V3 的表现都已经接近甚至超越了 GPT-4o、Claude-3.5-Sonnet 等顶级闭源大模型。更令人震撼的是，它的训练成本竟然只有 557.6 万美元，远低于大厂动辄上亿美元的训练开支。这次亮相让 DeepSeek 的名字开始在海外科技社区疯狂刷屏，众多 AI 研究者和开发者争相测试。

如果说 DeepSeek-V3 让 DeepSeek 在全球 AI 行业站稳了脚跟，那么 2025 年 1 月 20 日发布的 DeepSeek-R1，就让 DeepSeek 真正走上了神坛。

DeepSeek-R1——一个推理能力媲美 OpenAI o1 的模型，但 API 价格仅为 o1 的 3.7%。可以说，DeepSeek 再次用低价策略冲击了市场，让整个 AI 行业再次颤动。短短几天，DeepSeek 的影响力就突破了 AI 技术圈，甚至影响到了资本市场。1 月 27 日，DeepSeek 应用同时登顶苹果应用商店中美两区免费 App 下载排行榜，超越长期霸榜的 ChatGPT，投资者开始动摇，英伟达股价大跌。从这个时候开始，DeepSeek 彻底火遍全网，被各大媒体争相报道。

1.2 这么火，DeepSeek 凭什么

DeepSeek 的爆火，既是意料之外，又是情理之中，因为 DeepSeek 确实太厉害了。DeepSeek 的厉害，至少体现在三方面：性能、成本、开源模式。

1.2.1 超级强悍的性能，谁都能打

DeepSeek-R1 的横空出世，让不少 AI 研究者和开发者都大为震惊。根据测试结果，这款大模型在数学、编程和推理任务上的表现已经达到

甚至在部分情况下超越了 o1 的水平（见图 1）。要知道，o1 可是 OpenAI 最新推出的旗舰模型，代表着当前世界最先进的 AI 技术之一。DeepSeek-R1 作为一个国内研发的大模型，竟然能在部分任务上正面对抗 o1，甚至在个别测试中更胜一筹，这无疑是一个巨大的突破。

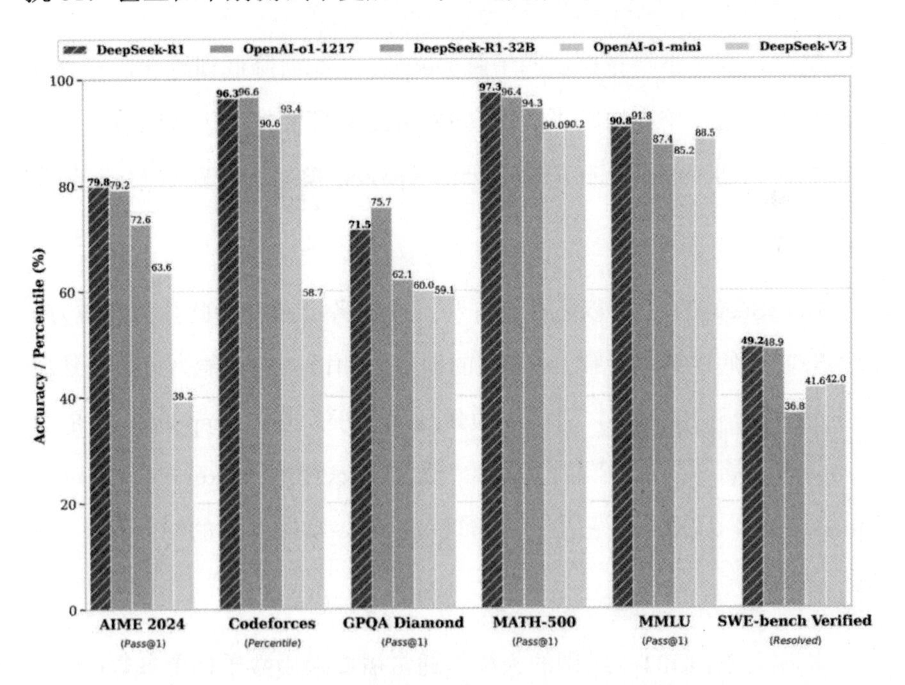

图 1　DeepSeek 各版本模型与 o1 模型在不同基准测试中的表现对比

当然，有人可能会怀疑，DeepSeek-R1 是不是在这些特定任务上做过针对性优化，从而在跑分上取得了好看的成绩。但毋庸置疑的是，用户的真实体验给出了最具说服力的证明。在 X（原推特）、微博、小红书等社交平台上，大量开发者和普通用户纷纷给出实测评价。DeepSeek-R1 的能力，尤其是编程能力，在某些场景下确实优于 o1。这不仅仅是测试数据的结果，更是大量用户在实际应用中的反馈。

而真正震动整个科技圈的是硅谷的科技巨头与人工智能科学家的关注，2025 年 1 月 27 日，据 Information 网站报道，脸书母公司 Meta 成立了四个专门小组来研究 DeepSeek 应用的工作原理，并基于此来改进旗下的 Llama 大模型。

其中，两个小组正在试图了解 DeepSeek 如何降低训练和运行大模型的成本；第三个小组则正在研究 DeepSeek 可能使用了哪些数据来训练模型；第四个小组正在考虑基于 DeepSeek 模型属性重构 Meta 模型的新技术。

DeepSeek-R1 之所以能在编程和推理任务上展现如此强劲的实力，离不开它的底层架构优化。尽管它的创造力和语言组织能力可能仍然比不上 o1 Pro，但要注意，它的参数量远远小于后者。DeepSeek-R1 的总参数规模只有 6710 亿个，而且是基于混合专家模型（Mixture of Experts，MoE）架构，这意味着它在一次推理调用时，实际激活的参数只有 370 亿个。

相比之下，GPT-4 级别的大模型通常需要调用数千亿个参数，计算资源消耗巨大，而 DeepSeek-R1 能够在较小的参数规模下，仍然提供高质量的推理和编程能力，这表明其技术优化能力已经达到了惊人的水平。

更重要的是，DeepSeek-R1 这种“小模型大能量”的设计思路，使其在计算资源的消耗上具有明显的优势。AI 模型的性能，往往需要在计算效率和智能水平之间找到最佳平衡点，而 DeepSeek-R1 的架构显然在这方面做到了极致优化。它不仅让模型在较小的算力消耗下展现接近甚至超越国际旗舰大模型的表现，同时也让整个模型更加灵活，适用于更多的实际应用场景。

相比那些需要大量计算资源才能运行的超大模型，DeepSeek-R1 的优势更加明显，这意味着它可以在更多的设备、平台和业务场景中高效运行，而不必依赖昂贵的高性能计算资源。

DeepSeek 的这一设计思路，不仅让其模型在性能上取得了突破，更重要的是，使它成功地找到了降低 AI 模型成本、提高 AI 可用性的方式。对于企业用户来说，AI 模型的落地不仅要考虑性能，还要考虑运行成本、推理速度、商业化适配性等因素。而 DeepSeek-R1 的架构，使得它在这些方面都具有很强的竞争力，让它不仅是一个强大的技术产品，更是一款具备商业落地价值的 AI 模型。

1.2.2 便宜到惊人，革命性的性价比

DeepSeek 实在太便宜了。根据公开数据，o1 的训练成本高达上亿美元，而 DeepSeek 的训练成本却不到 600 万美元。这个对比简直是碾压级的——相当于 OpenAI 花 20 块钱才能干成的事，DeepSeek 只用 1 块钱就搞定了，而且效果还不差。

这种极致的成本优化能力，不仅意味着 DeepSeek 可以持续以极低的价格提供高质量的 AI 服务，还意味着它可以在商业竞争中进一步拉低整个行业的产品定价，让更多企业和开发者都能用得起 AI，而不仅仅是大型科技公司。同时也让千行百业看到了另一种可能性，那就是在各自的垂直领域，完全可以构建起轻量化高性能模型。

要知道，一直以来，AI 行业都被高昂的算力成本所困扰，特别是在大模型的训练和推理阶段，GPU 资源的消耗极为惊人。OpenAI、

Anthropic、DeepMind 等头部 AI 企业，都不得不依赖英伟达提供的高端 AI 芯片，每训练一个新模型，成本都以亿美元计。这让很多行业，让很多希望借助 AI 实现效率优化的企业望而却步，如医疗、教育、工业等行业企业。

但 DeepSeek 的出现改变了 AI 模型之前的训练逻辑，其模型不仅轻量，还能以极低的算力满足高性能的运行需求。而 DeepSeek 之所以能做到成本的大幅削减，核心在于它对模型架构和算力调度的极致优化。它采用的混合专家模型架构，可以让模型在每次推理时只激活部分参数，而不是整个模型一起计算，大幅减少了算力消耗。

同时，DeepSeek 在数据处理、并行训练、推理计算等多个环节，都进行了深度优化，使得它在相同的算力条件下，可以训练出更好的模型。换句话说，它不仅会省钱，而且还能保证模型的质量不打折扣。

DeepSeek 的 API 价格比 GPT-4o 的要低好几倍，这就导致国内的 AI 供应商被迫跟进降价，字节、阿里、百度、腾讯纷纷调整价格策略，并且这种降价压力已经开始向海外市场蔓延，影响到了 OpenAI 和 Anthropic 等国际 AI 公司。AI 本来是一个高投入、高回报的领域，但 DeepSeek 的定价策略正在重新定义游戏规则，让 AI 模型从昂贵的高端科技变成了一种人人都用得起的生产力工具。

这一现象的直接成效，就是 DeepSeek 应用的用户数量开始呈指数级增长，并迅速抢占全球市场。DeepSeek 在苹果应用商店的成绩，表明这不是一个简单的市场波动，而是在释放一个清晰的信号：DeepSeek 已经不再只是中国的 AI 新星，更是一个正在全球范围内挑战 OpenAI 霸主地位的强劲竞争者。

DeepSeek 的成功也对资本市场产生了直接影响。过去几年，AI 芯片需求的爆发是英伟达股价暴涨的重要支撑点，但 DeepSeek 的出现让人们开始重新思考：如果 AI 模型可以更高效地训练，是否意味着未来对昂贵 GPU 的需求会降低？这种思考及市场情绪的变化，进一步证明 DeepSeek 的影响力已经超越了行业本身，开始撼动整个科技生态，改变了以往 AI 模型的叙述方式。

AI 行业的竞争，已经不再只是“谁的模型更聪明”这么简单，而是演变成了一场关于技术、成本、商业模式和市场布局的全方位竞赛。而 DeepSeek 正在用前所未有的低成本、高性能 AI 技术，改写这场竞赛的规则。如果它能继续保持这种极致的性价比优势，那么未来，它不仅会成为中国 AI 领域的领军者，甚至可能成为全球 AI 行业最重要的破局者。

1.2.3　彻底开源，真正的“AI 界安卓”

之前，AI 行业的主流做法是封闭生态，例如 OpenAI 的 ChatGPT、Anthropic 的 Claude 和 DeepMind 的 Gemini，基本都采取了“闭源+高价”的模式。想用？可以，但要么交高额的 API 费用，要么只能依赖官方的封闭产品，开发者无法自由调整，企业也无法掌握数据安全。

但 DeepSeek 直接来了个反向操作——全开源，不仅可免费下载，还公开了训练方法，甚至允许其他开发者用它的技术去训练自己的模型，并且还能商业化。这就意味着，全球任何人都可以基于 DeepSeek-R1 开发自己的 AI，而无须受制于任何商业公司的政策和定价。

DeepSeek 不仅开源了自己的大模型，甚至还主动对市面上的两个开源模型（Qwen 和 Llama）进行蒸馏，训练出了六个高性能的“小模型”，并且无条件开放给所有开发者。这些小模型的表现同样惊人（见图 2）——例如，一个仅有 320 亿个参数的模型，在数学任务上的表现居然超过了 o1-mini；更夸张的是，一个只有 15 亿个参数的“迷你模型”，在数学和算法竞赛任务上的表现竟然超过了 GPT-4o 和 Claude-3.5-Sonnet 这两个最主流的闭源模型。

模型	AIME 2024 pass@1	AIME 2024 cons@64	MATH-500 pass@1	GPQA Diamond pass@1	LiveCodeBench pass@1	CodeForces rating
GPT-4o-0513	9.3	13.4	74.6	49.9	32.9	759.0
Claude-3.5-Sonnet-1022	16.0	26.7	78.3	65.0	38.9	717.0
o1-mini	63.6	80.0	90.0	60.0	53.8	**1820.0**
QwQ-32B	44.0	60.0	90.6	54.5	41.9	1316.0
DeepSeek-R1-Distill-Qwen-1.5B	28.9	52.7	83.9	33.8	16.9	954.0
DeepSeek-R1-Distill-Qwen-7B	55.5	83.3	92.8	49.1	37.6	1189.0
DeepSeek-R1-Distill-Qwen-14B	69.7	80.0	93.9	59.1	53.1	1481.0
DeepSeek-R1-Distill-Qwen-32B	**72.6**	83.3	94.3	62.1	57.2	1691.0
DeepSeek-R1-Distill-Llama-8B	50.4	80.0	89.1	49.0	39.6	1205.0
DeepSeek-R1-Distill-Llama-70B	70.0	**86.7**	**94.5**	**65.2**	**57.5**	1633.0

图 2　DeepSeek 各蒸馏模型与主流模型在不同基准测试中的表现对比

这种突破，让 DeepSeek 不仅在大规模 AI 应用上占据了领先优势，还成功打破了人们对“AI 只能依赖云端算力”的传统认知。因为 15 亿个参数的模型，已经轻量到可以直接在个人计算机甚至手机上运行。换句话说，DeepSeek 的开源策略，不仅仅是开放了一个大模型，而是彻底让 AI 从“云端霸权”变成了人人都可以使用的智能工具。

反观 ChatGPT，它虽然仍然是当前 AI 领域的佼佼者，但封闭性却成了它最大的短板。如今，ChatGPT 正在逐渐变成“AI 界的苹果”——性能强大，但极度封闭。其 API 价格居高不下，企业想要部署自己的私有 AI 助手，不仅得支付昂贵的费用，还得完全依赖 OpenAI 的云端，没有自主权，甚至连数据隐私都无法完全掌控。

换句话说，使用 ChatGPT 意味着我们的数据要交到 OpenAI 手上，而企业最关心的恰恰就是数据安全。如果未来某一天，OpenAI 调整价格、修改政策，或者限制 API 权限，企业只能被迫接受，而无法做出任何改变。而 DeepSeek 的开源模式，直接打破了这种垄断，它更像是“AI 界的安卓”——谁都能用，谁都能改，不仅给开发者提供了极大的自由度，也让企业能够更安心地将 AI 部署到自己的服务器上，确保数据的安全性和可控性。

更重要的是，DeepSeek 的开源策略，还让全球的开发者都能参与进来，共同优化模型，让它越用越强。相比之下，封闭的 AI 公司只能依靠自己的团队做优化，进展速度必然受限；而 DeepSeek 的开源模式类似于 Linux 和安卓，全球的开发者都可以贡献自己的改进方案，不断优化代码、修正漏洞，增强模型的推理能力。

这种模式的优势在技术发展史上已经被无数次验证——Linux 打破了微软 Windows 的市场垄断，Android 让智能手机不再受限于苹果的封闭生态……如今，DeepSeek 正在用同样的逻辑，挑战 AI 行业的现有秩序。

DeepSeek 的开源策略不仅让它在开发者社区中迅速积累了大量支持者，也让 AI 行业的竞争规则发生了彻底变化。过去，大模型的竞争主要是参数规模的较量、算力投入的比拼，而 DeepSeek 的开源模式，则让竞争从“谁的模型更大”变成了“谁能让 AI 真正普及”。

这场变革的影响力远比我们想象的更为深远——如果未来越来越

多的开发者基于 DeepSeek-R1 进行二次开发，全球范围内会诞生出大量的行业专用 AI 模型，它们的功能可能更加精准，应用范围更加广泛，而 OpenAI、Anthropic、DeepMind 这些选择闭源的公司，则可能会逐渐丧失市场主导权。因为，历史已经一次又一次地证明，技术的进步，往往源自开放与合作。正如尽管苹果的 iOS 封闭系统占据着一定的市场份额，但是安卓这种开源系统的市场占有率远超前者。

如果说过去几年，OpenAI 一直是 AI 行业无可争议的领头羊，那么 DeepSeek 的崛起，可能会使整个行业的未来走向发生巨变。

DeepSeek 的成功让我们不得不重新思考：未来的 AI 行业，还会继续走封闭生态的老路吗？OpenAI、Anthropic 等头部企业，是否会被迫调整自己的策略？国产 AI 是否能够借助这次机会，在全球市场上站稳脚跟？DeepSeek 会不会将业务扩展到 AI 搜索，甚至 AI 硬件领域？这些问题，已经突破行业界限，开始影响全球科技产业的未来。

一切都充满了未知，但可以肯定的是，DeepSeek 已经改写了 AI 行业的游戏规则。

OpenAI 或许仍然强大，但它已经无法再像过去一样，高高在上地掌控 AI 市场，因为 DeepSeek 的崛起，已经让 AI 的未来变得更加开放、更加民主、更加充满可能性。

1.3 DeepSeek 的崛起之路

随着 DeepSeek 应用的爆火出圈，它的故事也开始进入公众视野，受到了广泛关注——没有人不好奇，这么一款极具性价比的 AI 产品，到底是怎么诞生的？DeepSeek 诞生的背后，又是一个什么样的故事？

1.3.1　从量化交易到 AI 先锋

要了解 DeepSeek 的故事，就不得不提到 DeepSeek 的创始人——梁文锋。梁文锋是一个典型的小镇少年。1985 年，梁文锋出生在广东湛江的一个普通家庭。他的父亲是一名小学教师，从小就对他的学习给予了很大的支持和引导。

在这样的家庭环境下，梁文锋对数学和计算机产生了浓厚的兴趣。初中时，他就提前学完了高中的数学课程，甚至开始自学大学数学。

2002 年，17 岁的梁文锋以优异的成绩考入浙江大学电子信息工程专业。在大学期间，他不仅在本专业表现出色，还积极参与各种数学建模竞赛，展现了非凡的才华。本科毕业后，他继续在浙江大学攻读信息与通信工程硕士学位，专注机器视觉的研究。

梁文锋的研究生阶段，正值 2008 年全球金融危机爆发，金融市场动荡不安。他敏锐地意识到，数学和计算机技术或许可以用来应对金融市场的波动。

于是，梁文锋开始带领一群志同道合的同学，尝试用机器学习的方法分析市场数据，探索自己的量化交易方法。他们收集了大量的市场行情、宏观经济数据，利用数学建模的方法研究价格波动的规律。这些早期的探索为梁文锋日后的创业奠定了坚实的基础。

梁文锋所聚焦的量化交易，简单来说，就是用计算机程序代替人工进行交易。一旦市场交易情况满足某些条件，程序就会自动执行操作，进行买入、卖出等。

早些年，交易员们都是自己盯着市场行情，根据经验和直觉来决定什么时候买进或卖出的。但人的精力有限，面对海量的市场信息，很难全面、及时地做出反应。随着计算机技术的发展，金融专家们开始探索利用计算机强大的计算能力，分析市场数据，制定交易策略。于是，量化交易应运而生。

量化交易的核心是利用数学模型和算法来自动化交易决策。首先，需要收集大量的市场数据，如股票价格、交易量、公司财报等。然后，利用统计学和机器学习的方法，对这些数据进行分析，寻找市场中的规律。接着，根据发现的规律，建立数学模型，制定交易策略。最后，将这些策略编写成计算机程序，实时监测市场，一旦满足设定的条件，程序就会自动执行交易。

2013 年，梁文锋与大学同学徐进共同创立了杭州雅克比投资管理有限公司，正式进军量化投资领域，公司名称就取自德国数学家卡尔·雅可比。

两年后，他们又成立了幻方量化（High-Flyer），专注利用数学和人工智能进行量化投资。在 2015 年的市场波动中，幻方量化凭借先进的高频量化策略取得了令人瞩目的成绩。2016 年，幻方量化推出了首个基于深度学习的交易模型，实现了所有量化策略的 AI 化转型。到 2019 年，幻方量化的资金管理规模突破一百亿元，成为中国最大的量化基金管理公司之一。

1.3.2　幻方量化的转折点

2016 年对幻方量化来说，是一个重要的转折点。这一年，他们推出了首个基于深度学习的交易模型，开始用 AI 来指导投资决策。以往，量化交易依靠的是统计模型、数学公式和传统编程逻辑，而深度学习的加入，让交易系统有了更强的自适应能力，能够更快地捕捉市场趋势、识别投资机会，并实时调整策略。AI 的引入，让幻方量化的交易决策更智能、更高效，也让他们在竞争激烈的量化交易市场中，迅速拉开了与同行的距离。

到了 2018 年，幻方量化做出了一个重要的战略决策——正式将 AI 作为公司的核心发展方向。这意味着其不仅在交易策略上更依赖 AI，而且将全面向 AI 驱动的交易体系转型。他们不再只把 AI 当成一种工具，还要让 AI 成为量化交易的灵魂。这个决定，标志着幻方量化不仅是一家量化交易公司，还是一家技术驱动的 AI 企业。

但随着交易策略的复杂化和业务规模的急剧扩张，幻方量化很快遇到了一个前所未有的问题——计算资源瓶颈。

就像家里的一台老电脑在跑大型 3D 游戏时会卡顿一样，幻方量化原有的计算平台已经满足不了模型的需求了。AI 模型的深度学习训练需要巨大的算力支撑，而原先的计算资源，已经无法满足他们对交易模型的训练和优化需求。这不仅影响了交易决策的效率，也限制了他们进一步开发更高级 AI 算法的可能性。

面对这个问题，幻方量化决定不再依赖外部的算力供应，而是搭建一套属于自己的 AI 训练平台。2019 年，在梁文锋的带领下，幻方量化自主研发了“萤火一号”训练平台。这是一个堪称豪华的计算集群，总投资接近 2 亿元，搭载了 1100 块 GPU。GPU 就像是 AI 计算的发动机，数量越多，计算能力就越强。对于 AI 模型训练来说，更多的 GPU 意味着可以更快地完成模型训练、更高效地优化算法，让交易系统具备更强的学习能力。

“萤火一号”的投入，让幻方量化的 AI 模型训练速度大幅提升，也使他们的交易策略更加精细化、实时化，交易效率提升到了一个全新的水平。

但幻方量化的野心显然不止于此。量化交易只是他们实现 AI 梦想的第一步，而真正的挑战，是如何让 AI 走得更远。随着 AI 模型规模的不断扩大，计算需求再一次暴增，“萤火一号”已经不够用了。他们意识到，要在 AI 领域真正取得突破，必须进一步提升计算能力。于是，在 2021 年，幻方量化做出了更大手笔的投入，正式推出“萤火二号”。

相比“萤火一号”，“萤火二号”堪称计算怪兽——这次幻方量化直接投资 10 亿元，配置了约 1 万张英伟达 A100 GPU，让训练平台的计算能力再一次实现了指数级跃升。这套平台不仅能支持更大规模的 AI 模型训练，还能让 AI 交易系统的运行效率达到前所未有的水平。

更重要的是，“萤火二号”不仅仅是为量化交易服务的，它还为幻方量化进军更广阔的 AI 领域铺平了道路。当 AI 交易技术日渐成熟，幻方量化开始思考：如果 AI 能优化金融市场的交易策略，那么它是否也能用在更广阔的商业场景？AI 本身是否就是一个值得深耕的产业？这一思考，最终促成了一个重要的决策——幻方量化要打造自己的 AI 模型，并进军人工智能产业。这也成了 DeepSeek 诞生的前奏。

1.3.3 DeepSeek 的诞生与突破

DeepSeek 的诞生，离不开幻方量化在 AI 应用领域的持续探索。作为国内顶级的量化私募之一，幻方量化一直在寻找让自己算法更强的方法，而 AI 正是他们实现突破的关键。

从“萤火一号”到“萤火二号”，幻方量化在 AI 上的投入越来越大，开始自己采购高性能芯片来搭建训练集群。当时在国内，只有阿里等极少数科技巨头才拥有这样的资源，而幻方量化作为一家金融机构也铺设了自己的 AI 之路。这条路，不仅让幻方量化在金融圈遥遥领先，也为如今 DeepSeek 的诞生埋下了伏笔。

终于，在 2023 年，DeepSeek 正式从幻方量化独立出来，成为一家独立运营的 AI 公司。它的目标不是要造出一个更强的金融 AI，而是要直接开发出真正具备人类智能水平的 AI 模型。换句话说，DeepSeek 不是要做个更聪明的交易算法，而是要在 AI 领域正面挑战 OpenAI、DeepMind、Anthropic 等全球 AI 巨头。

但要实现这个目标，谈何容易。

DeepSeek 的第一个难题，就是资金和资源的筹措。虽然幻方量化给了 DeepSeek 不小的资金支持，但众所周知，AI 模型就是个烧钱的无底洞。训练一个顶级模型需要庞大的算力支撑，而算力意味着大量昂贵的芯片和服务器。

在有限的资源下，DeepSeek 要开发出一个能与国际巨头竞争的 AI 模型，难度可想而知。服务器的风扇声嗡嗡作响，电脑屏幕上密密麻麻的代码和损失曲线成了他们生活的全部。DeepSeek 的工程师们知道，不能靠堆资源，只能靠更聪明的算法。

第二个难题，就是技术的突破。AI 领域的主导权已被大厂和顶尖科研机构牢牢掌握，OpenAI、DeepMind、Meta、Anthropic 等头部 AI 企业每年投入数十亿美元，而 DeepSeek 想要杀入这一领域，简直是以小博大的极限挑战。

第三个难题，就是人才的投入。无论是苹果、DeepMind、Meta，还是 OpenAI，都有庞大的人工智能研究团队。例如 OpenAI 就有 1700 人的研发团队，而人工智能领域的人才又是各大科技公司高价挖角的对象。如果不能以创新的方式应对，大量的人才投入就会给 DeepSeek 带来巨大的挑战与压力。但梁文锋带着的团队，仅仅是约 150 人的小团队，他们深知，如果不能在算法上找到突破点，不能让团队的成员发挥强大的创新力，DeepSeek 就永远无法超越那些资源丰富的大公司。

于是，他们提出了全新的 MLA（多头潜在注意力机制）架构，大幅降低了模型的显存占用。这意味着，在相同的算力下，DeepSeek 的模型可以处理更复杂的任务，训练成本也大幅降低。这种创新，使得 DeepSeek 即便资源有限，也依然能开发出高性能的 AI 模型。

2024 年 5 月，DeepSeek 发布了 DeepSeek-V2，这款模型一发布就震动了整个行业。它的推理成本显著低于当时的主流模型（是 Llama3-70B 的 1/7、GPT-4 Turbo 的 1/70），而性能却几乎不输阵。更炸裂的是，DeepSeek-V2 不仅性能强，还直接开源，这一招彻底引爆了国内大模型的价格战。

但 DeepSeek 的目标，远不止于此。2024 年 12 月，DeepSeek-V3

问世，这一版的模型性能已经逼近 GPT-4，但训练成本却只有后者的 1/20。这种极致的成本优化能力，直接让所有 AI 研究者都瞠目结舌。

DeepSeek-V3 的成功，标志着 DeepSeek 的技术已经达到了国际一流水准，中国的 AI 公司中终于有了可以真正比肩 OpenAI 的竞争者。

2025 年一开年，DeepSeek 再一次发布了新的 R1 模型，这次，它不仅在国内爆火，还在海外引起了广泛关注。R1 模型的性能和 OpenAI 的 o1 模型相当，但在推理速度和成本控制上更胜一筹。这意味着，DeepSeek 不仅在训练成本上打败了 OpenAI，就连实际应用上的效率也更高。

可以说，从金融领域起步，深耕量化交易，到成立 DeepSeek，梁文锋带领团队走出了一条属于自己的 AI 之路。如今，DeepSeek 已经成为全球 AI 领域不可忽视的力量，不仅改写了 AI 行业的游戏规则，也向世界展示了中国 AI 的实力。

1.4 为什么 DeepSeek 的成功是必然的

今天，DeepSeek 已经成为 AI 领域一颗冉冉升起的明星，它的成长速度快得惊人。那么，DeepSeek 的成功，到底是运气，还是必然？

其实，如果我们回顾 DeepSeek 的发展路径，就会发现，它的崛起绝不是偶然，而是一种技术积累、战略选择和市场趋势共同推动的结果。DeepSeek 的成功，并不是“撞大运”，而是它从一开始就选对了路，走对了每一步。

1.4.1 AI 金融化的初衷与实践

DeepSeek 的崛起其实是一次顺理成章的进化，与那些从科研机构成长起来的 AI 公司不同，DeepSeek 的起点并不是在实验室里扩展科技前沿的学术研究，而是一个实际的商业应用场景——量化交易。相比那些怀揣理想，希望打造“通用人工智能”（AGI）的公司，孵化 DeepSeek 的幻方量化的目标从一开始就非常明确——做 AI 不是为了做研究，不是为了写小说，不是为了跑参数，而是为了应用，为了借助 AI 技术的落地应用赚钱。

量化交易作为一种依靠数学模型、统计分析和高性能计算来执行金融交易的方式，它的核心在于数据、算法和算力。每天，金融市场上都会产生海量的交易数据，而量化交易的任务，就是从这些数据中挖掘出可以盈利的模式，并通过自动化交易系统迅速执行，最大化收益。这一过程不仅依赖对市场的深刻理解，更依赖对计算资源的极致优化。

而梁文锋带领的团队就在这一过程中积累了丰富的经验，他们擅长构建高效的算法，优化计算性能，管理数据流动，而这些经验，恰好与 AI 模型的训练有着高度的契合。

相比那些从学术研究起步的 AI 公司，DeepSeek 的成长路径显得更加务实。许多 AI 公司都是先开发出一项技术，再去寻找市场应用，而 DeepSeek 的方式则完全相反——他们从最具商业价值的场景出发，直接在量化交易领域落地实践，并在过程中不断优化和改进自己的技术。

毕竟，AI 金融化是一个实实在在的应用需求，DeepSeek 的早期 AI 探索正是基于这一需求展开的。他们并不满足于在实验室里验证算法的可行性，而是直接将其应用到市场交易中，让 AI 模型接受严苛的实战检验。

这种路径的最大优势在于，它避免了闭门造车的问题。在学术研究领域，许多 AI 技术的开发都是从理论出发的，而现实世界的复杂性往往远超实验室环境。DeepSeek 从一开始就跳过了“研究—验证—应用”的漫长过程，而是直接在市场环境中测试和优化 AI 技术，形成了一条“应用—优化—创新”的闭环路径。这不仅让他们的技术能够快速适应真实需求，还让他们在早期就建立了一整套完整的 AI 应用逻辑。

事实上，正是在量化交易的过程中，DeepSeek 的团队逐渐意识到，AI 的能力远不止于此。AI 不仅可以辅助交易策略的制定，还可以优化数据分析，提升计算效率，甚至自动化整个交易流程。

换句话说，AI 不仅仅是一个辅助工具，它本身就是决策的一部分。而这种认知，也让 DeepSeek 迈出了向研发 AI 模型转型的关键一步。

从技术角度来看，量化交易与 AI 的核心机制有许多相似之处。二者都是高度依赖数据的计算任务，量化交易靠市场数据，AI 推理靠训练数据；二者都需要强大的算力支持，量化交易需要实时处理市场信息，而 AI 模型训练需要大量 GPU 资源进行复杂计算；二者都对算法优化极度敏感，一个小小的参数调整可能决定量化交易的成败，也可能显著影响 AI 模型的性能。

这种相似性，使得 DeepSeek 的技术团队在进入 AI 领域时，具备了得天独厚的优势——他们已经在苛刻的计算环境中锻炼出了一套独特的算法优化能力，而这正是 AI 模型研发过程中最宝贵的资产。

因此，DeepSeek 投身 AI 领域，并不是一次从零开始的冒险，而更像是一次自然的技术演进。他们在量化交易中积累的计算能力、数据管理经验和算法优化技术，几乎可以无缝迁移到 AI 模型的训练之中。

更重要的是，DeepSeek 并没有停留在技术研发的阶段，而是继续保持了他们务实的商业思维。对于 DeepSeek 而言，AI 不是一个高深的研究课题，而是一项需要落地的技术。他们并不满足于做一个“技术提供方”，而是希望让 AI 真正进入商业应用场景，创造价值。

这种思维方式，让 DeepSeek 在 AI 领域迅速崛起，其团队对数据管理、算力优化、算法架构等多个方面进行了深度优化，使其 AI 模型在性能和商业化能力上都具备了极强的竞争力。

DeepSeek 的崛起并不是“天降神兵”，也不是由资本堆出来的泡沫，而是多年技术积累和行业理解的自然延伸。DeepSeek 的成功，不仅仅是因为他们有足够的算力和强大的算法，更重要的是，他们深刻理解 AI 的应用逻辑，知道如何把 AI 技术变成真正有价值的产品。这种路径不仅让 DeepSeek 的技术更加贴近实际需求，也让其比那些纯科研型的 AI 公司更具商业优势。

DeepSeek 的故事，也让我们看到：技术的成功，不仅仅依赖创新，更依赖应用场景的选择。AI 的价值，最终要体现在实际应用之中，而不是停留在论文里，也不是停留在套壳里，更不是停留在 PPT 的领先里。可以说，DeepSeek 的成功，不是偶然，而是技术积累、市场洞察和战略执行的必然结果。未来，DeepSeek 能否挑战 OpenAI 这样的全球 AI 巨头，仍然是一个未知数。但有一点是确定的——它已经走出了一条与众不同的发展路径，而这条路径，可能会成为未来 AI 产业的一种新范式。

1.4.2　算力布局的领先者

在人工智能的世界里，有一句话广为流传：算力为王。这不是夸大其词，而是赤裸裸的现实。拥有多少算力，直接决定了能训练多大的模型，能处理多少数据，能完成多复杂的任务。而 DeepSeek，正是国内最早一批深刻理解这一点，并且敢于在算力上重金投入的公司之一。

很多 AI 公司在起步时，往往先专注算法研究，然后才开始考虑计算资源的问题。但 DeepSeek 的思维方式不同，他们从一开始就明白，如果没有足够的算力支撑，再好的算法也只能停留在理论层面，无法真正落地。为了确保自己在 AI 竞赛中不落后，DeepSeek 做了一个极其重要的决定——大规模部署英伟达 A100 GPU。这在当时的国内 AI 圈里，是一件相当超前的事情。

要知道，在 2020 年前后，国内大多数 AI 公司还在使用 P40、V100 等上一代 GPU，只有极少数头部企业才开始尝试 A100。而 DeepSeek 却直接"all in"，果断上马 A100 集群。

这意味着什么？简单来说，就是在 AI 竞赛中提前站上了更高的起跑线。

A100 相比上一代 GPU，实现了质的飞跃。首先，它的性能大幅提升，比 V100 快了好几倍，这意味着 DeepSeek 可以更快地完成模型训练，迭代速度更快，优化能力更强。在 AI 模型研发中，迭代速度是决定成败的关键，谁能更快地找到最优的模型架构，谁就能在竞争中取得优势。而 DeepSeek 凭借 A100 的强大计算能力，成功缩短了模型训练周期，从而能够在短时间内推出更强大的模型。

其次，A100可支持的模型参数规模大幅提高。简单来说，AI模型的普遍趋势就是“越大越聪明”。参数越多，模型的理解能力、生成能力、推理能力就越强。但是，参数规模的提升意味着对算力的需求会呈指数级增长。没有足够强的计算资源，根本无法训练和运行大模型。DeepSeek的A100集群，使得他们可以训练更大规模的模型，甚至有能力挑战GPT-4。这在国内AI企业中，绝对是处于领先地位的。

除模型训练之外，A100在推理成本上也有巨大优势。AI模型不仅仅是训练出来就完事了，还要能够实际应用，真正投入市场。在实际应用中，推理成本（也就是AI运行时的计算消耗）是一个非常关键的成本因素。

如果推理成本太高，AI产品就很难商业化，最终只能变成一项烧钱的科研项目。而A100的高效计算能力，让DeepSeek的模型在推理效率方面也占据了先机，使得他们的AI产品更具商业竞争力。换句话说，DeepSeek不仅能够训练出更强的模型，还能让它们更便宜、更高效地运行，这就为模型的大规模商业化铺平了道路。

1.4.3 不止步于“跑模型”

虽然DeepSeek上马了A100集群，但其并没有止步于“买设备、跑模型”。很多企业在拥有了算力之后，往往只是按部就班地跑模型，而没有深入思考如何最大化算力的价值。DeepSeek却在AI工程化方面做了大量的优化，确保算力能够被最大化利用，真正为AI应用赋能。

一方面，他们专注优化训练效率——同样的算力，如何训练出更高质量的模型？基于此，DeepSeek 的团队在数据处理、分布式训练、模型架构优化等多个层面做了大量的技术攻关，使得他们在相同的计算资源条件下，能比其他公司训练出更好的模型。例如，他们采用了更先进的并行训练策略，使得 GPU 的利用率更高，大大减少了计算资源的浪费。

另一方面，他们还致力于降低推理成本。DeepSeek 的目标不仅是训练出厉害的 AI 模型，还要让它们真正可用、可推广。因此，他们在模型压缩、量化技术、推理加速等方面投入了大量精力，确保模型在实际应用中能够更高效地运行。

举个简单的例子，如果一个 AI 聊天机器人的推理成本过高，那么用户的使用成本就会上升，最终可能导致产品无法大规模推广。而 DeepSeek 通过优化，使得 AI 模型在保证性能的同时，尽可能降低了计算成本。

更重要的是，DeepSeek 并没有把自己局限在“做大模型”这一件事上，而是思考如何让 AI 真正懂行业场景。很多 AI 模型，看上去很聪明，但一旦落地到实际应用中，就显得“水土不服”。DeepSeek 在研发过程中，特别关注模型的可用性，确保它们在金融、医疗、教育等多个行业中都能发挥真正的价值。他们的目标，是让 AI 真正融入各种业务场景，为企业和用户创造实际收益。

从战略层面来看，DeepSeek 的算力布局，不仅让他们在 AI 竞赛中占据了优势，还让他们在商业化道路上提前了一大步。相比那些仍然停留在小模型、低算力的公司，DeepSeek 已经有能力挑战国际 AI 巨头，在某些领域也形成了自己的独特优势。

1.4.4 清晰的商业化路径

DeepSeek 的崛起，看似是在 AI 大爆发的风口上顺势而起，但如果我们仔细剖析它的成长轨迹，就会发现，这并不是一个纯靠运气的故事。它的成功，绝不是资本炒作的产物，也不是领先在 PPT 上的鼓吹，甚至在 2023 年“百模大战”的喧嚣环境下，很多人连 DeepSeek 的名字都还没听说过。它的成功，更不是市场偶然的青睐，而是技术积累、应用实战、市场洞察和战略执行四者交织在一起，共同铸就的结果。

AI 竞赛的核心，不仅是技术层面的较量，也是资源和商业模式的比拼。DeepSeek 在这场竞赛中，凭借早期的果断布局，已经为自己赢得了先机。而从商业角度来看，很多 AI 公司在进入大模型领域后，都会面临一个问题——怎么赚钱？

毕竟，AI 模型的训练成本极高，单靠烧钱跑模型是不可持续的。但 DeepSeek 的商业化路径从一开始就非常清晰。它没有局限于“让 AI 能聊天”，而是让它真正具备行业应用价值。它的模型不仅能生成文本、写代码、做数据分析，还能直接应用于金融、医疗、教育等多个领域。也就是说，DeepSeek 的 AI 产品不是一个单纯的聊天助手，而是一个真正可以嵌入产业链的智能引擎。

这一点，与 OpenAI 的 GPT 系列如出一辙。GPT 之所以能在全球范围内爆火，不仅是因为它的能力强，大家和它聊得来，还因为它的应用场景足够广泛，企业愿意为它买单。而 DeepSeek 显然也看到了这一点，因此在模型研发过程中，就开始布局它的商业化应用。这种“技术+商业”双轮驱动的策略，让 DeepSeek 在竞争激烈的 AI 市场中，拥有了更强的生存能力。

当然，未来的 AI 竞争充满变数。DeepSeek 要想保持领先，仍然需要围绕算力、算法、数据这三要素不断突破技术瓶颈，同时还要借助开源打造更完整的 AI 生态。DeepSeek 虽然在算力和工程化方面领先，但仍需要在更高级别的人工智能应用上做出更多突破。尤其是面对 AI 巨头的竞争，DeepSeek 如何打造自己的核心护城河，将是它未来发展过程中最关键的挑战。

但无论如何，从今天来看，DeepSeek 已经站在了国内 AI 竞赛的最前排，甚至是最有可能挑战全球 AI 巨头的中国公司之一。它的成功，并不是单纯地赶上风口，而是精心布局、深思熟虑的技术演进和商业落地成果。未来，它能否成为中国的 OpenAI，甚至超越 OpenAI，这一切还有待时间的考验。但至少可以肯定的是，DeepSeek 的未来，值得期待。

1.5　震动硅谷：舆论怎么看 DeepSeek

一夜“重创”美国科技股、人气赶超 GPT——随着 DeepSeek-R1 的爆火，DeepSeek 在全球范围内引发了广泛讨论，尤其是在硅谷引发了巨大的震动。从国际专家到主流媒体，纷纷对其进行了深入的分析和评论。

英伟达 GEAR Lab 项目负责人 Jim Fan 对 DeepSeek-R1 给予了高度评价。他指出，这代表非美国公司正在践行 OpenAI 最初的开放使命，通过公开原始算法和学习曲线等方式实现影响力，还内涵了一波

OpenAI：“DeepSeek 不仅开源了一系列模型，还披露了所有训练秘密。它们可能是首个展示强化学习强大且持续增长能力的开源项目。影响力既可以通过‘超级人工智能内部实现’或‘草莓计划’等传说般的项目实现，也可以简单地通过公开原始算法和 matplotlib 学习曲线来达成。”

华尔街顶级风投机构 A16Z 创始人 Marc Andreessen 则认为 DeepSeek-R1 是他所见过的最令人惊奇和印象深刻的突破之一，作为开源项目，是给世界的一份意义深远的礼物（见图 3）。

图 3　华尔街顶级风投机构 A16Z 创始人 Marc Andreessen 在 X 上的推文

图灵奖得主、Meta 首席 AI 科学家 Yann LeCun 则提出了一个新的视角：“觉得‘中国在 AI 方面正在超越美国’的人，你们的解读是错的。正确的解读应该是，‘开源模型正在超越封闭模型’。”（见图 4）

DeepMind CEO Demis Hassabis 的评价则透露出一丝忧虑：“它（DeepSeek）取得的成就令人印象深刻，我认为我们需要考虑如何保持西方前沿模型的领先地位。我认为西方仍然领先，但可以肯定的是，中国具有极强的工程和规模化能力。”

微软 CEO Satya Nadella 在瑞士达沃斯世界经济论坛上表示，DeepSeek 切实有效地开发出了一款开源模型，不仅在推理能力方面表现出色，而且计算效率极高。他强调，微软必须以最高度的重视来应对中国的这些突破性进展。

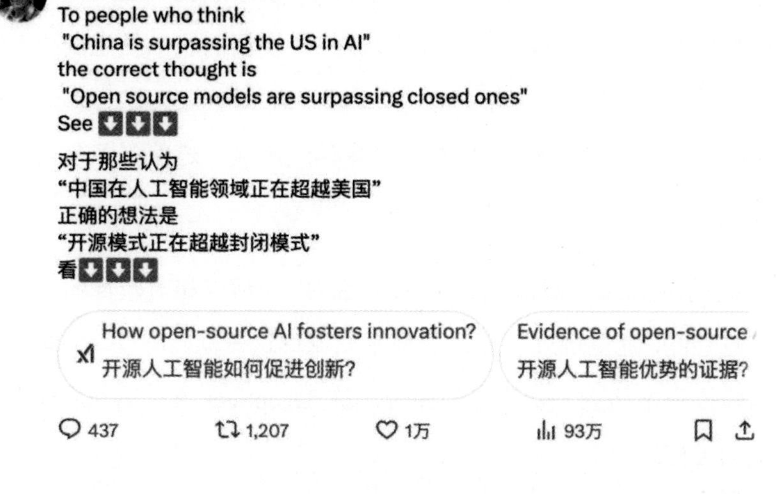

图 4　图灵奖得主、Meta 首席 AI 科学家 Yann LeCun 在 X 上的推文

Meta CEO 扎克伯格的评价则更加深入，他认为 DeepSeek 展现出的技术实力和性能令人印象深刻，并指出中美之间的 AI 能力差距已经微乎其微，中国的全力冲刺使这场竞争愈发激烈。

国际主流媒体也对 DeepSeek 的崛起给予了高度关注。

《金融时报》指出，DeepSeek 的成功颠覆了“AI 研发必须依赖巨额投入”的传统认知，证明了精准的技术路线同样能实现卓越的研究成果。更重要的是，DeepSeek 团队对技术创新的无私分享，让这家更注重研究价值的公司成为一个格外强劲的竞争对手。

《经济学人》表示，中国的 AI 技术在成本效益方面的快速突破，已经开始动摇美国的技术优势，这可能会影响美国未来十年的生产力提升和经济增长潜力。

《纽约时报》将 DeepSeek-R1 的发布比喻为 AI 行业的“斯普特尼克时刻”，认为其低成本、高性能的表现，挑战了美国在人工智能领域的主导地位。这一突破，不仅让市场对 AI 发展的认知发生变化，也促使美国重新评估其 AI 战略。此外，《纽约时报》还指出，DeepSeek 的开源模式，可能会对全球 AI 格局产生深远影响，迫使更多公司调整开发策略。

《华尔街日报》重点探讨了 DeepSeek 如何以相对较低的成本，实现卓越性能，甚至跳过了传统监督微调流程这一创新方法。文章还引用了风险投资家马克·安德森的评价，称 DeepSeek-R1 是“最令人印象深刻的突破之一”。

《卫报》关注 DeepSeek 对全球 AI 竞赛的影响，认为它的崛起可能会削弱美国对中国芯片出口禁令的效果，并加速全球人工智能技术的发展。与此同时，《卫报》也探讨了 DeepSeek 在内容监管方面的限制，指出其在涉及部分话题时会进行审查，而西方 AI 模型则较少进行类似的限制。

DeepSeek 的成绩表明，即使在芯片出口管制的情况下，中国公司也能通过创新和高效的资源利用能力来竞争。并且，美国政府的芯片限制政策可能适得其反，反而推动了中国在开源 AI 技术领域的创新突破。DeepSeek 的创新之路，其实给了所有中国企业一个考题，那就是如何在有限的资源环境下，通过创新来突破限制、实现领先、获得竞争优势。

普惠 AI 的“中国方案”

2.1 AI 领域的拼多多

提到拼多多，很多人的第一反应，可能就是“白菜价”、“砍一刀”或者“农村包围城市”的商业模式。现在，AI 界也迎来了一个类似的“搅局者”——DeepSeek。这家中国人工智能公司，以极致性价比搅动了整个 AI 市场，因此被称为“AI 领域的拼多多”。

那么，DeepSeek 到底是怎么成为 AI 领域的拼多多的？它的崛起，为什么就引发了整个国际科技界的震动，这又让我们看到了什么？

2.1.1 白菜价的大模型

DeepSeek 之所以被称为 AI 领域的拼多多，其实就是因为它的策略和拼多多的成功路径非常相似。拼多多的崛起并非靠着传统电商的打法，而是另辟蹊径，依靠“价格便宜、够用就行、农村包围城市”的策略打开市场；而 DeepSeek 在 AI 领域的崛起，恰恰也体现了类似的逻辑。

拼多多最吸引人的地方就是便宜，这是它能够在淘宝、京东等巨头盘踞的市场中杀出一条血路的关键。

DeepSeek 在 AI 界也是一样的，主打极致性价比。目前，AI 模型的训练成本极其昂贵，OpenAI CEO 山姆 • 奥特曼曾表示，GPT-4 的训练成本大约 1 亿美元（约合人民币 7.3 亿元），未来训练大模型的成本将高于 10 亿美元。尚未完成训练的 GPT-5 大模型，为时约半年的一轮训练就消耗了大约 5 亿美元，可见 AI 公司的支出成本有多高。

这种超高成本就意味着，一方面 AI 几乎是巨头们的专属技术；另一方面 AI 巨头们必然需要通过昂贵的 API 订阅和付费服务来回收投入，这就导致 AI 的应用门槛越来越高，普通用户很难享受到最先进的 AI 能力。

而 DeepSeek 的出现，打破了这种局面。DeepSeek 把模型训练成本压缩到极致，根据公开数据，DeepSeek-V3 模型的训练成本仅为 557.6 万美元（约合人民币 4070 万元），大概是 GPT-4 的 1/20，总计约消耗 278.8 万个 GPU 小时，参数为 6710 亿个，单 token 激活参数为 370 亿个。

更关键的是，DeepSeek 是完全免费开放的，这直接降低了开发者和企业接入 AI 的门槛。在过去，如果一家创业公司想要用 AI 技术来改进自己的产品和工作流，通常要花高价去调用 AI 巨头的 API。而 DeepSeek 类似于拼多多“9.9 包邮”的策略，让 AI 能力变得触手可及。AI 用户不需要再为昂贵的 API 调用费发愁，甚至可以本地部署 DeepSeek 模型实现免费使用。这种做法直接打破了传统 AI 巨头对市场的垄断，让 AI 不再是少数大公司的专属工具，而是可以被更多的中小公司甚至个人开发者使用。

DeepSeek 的模型虽然便宜，性能却不差，甚至可以说是超级好。DeepSeek 的 DeepSeek-V3 模型，在多个基准测试中表现出色（见图 1）。

举例来说，DeepSeek-V3 在大规模多任务语言理解 MMLU 和 MMLU-Pro 等测试中表现优异。其表现不仅与 Claude-3.5-Sonnet 接近，还超越了 GPT-4o。在中文任务（C-Eval、C-SimpleQA）上，DeepSeek-V3 的表现尤其出色，展现了其在语言理解和多语言处理能力上的领先优势。

	Benchmark (Metric)	DeepSeek-V3	Qwen2.5 72B-Inst.	Llama3.1 405B-Inst.	Claude-3.5-Sonnet-1022	GPT-4o 0513
	Architecture	MoE	Dense	Dense	-	-
	# Activated Params	37B	72B	405B	-	-
	# Total Params	671B	72B	405B	-	-
English	MMLU (EM)	**88.5**	85.3	**88.6**	88.3	87.2
	MMLU-Redux (EM)	**89.1**	85.6	86.2	88.9	88
	MMLU-Pro (EM)	**75.9**	71.6	73.3	**78**	72.6
	DROP (3-shot F1)	**91.6**	76.7	88.7	88.3	83.7
	IF-Eval (Prompt Strict)	**86.1**	84.1	86	**86.5**	84.3
	GPQA-Diamond (Pass@1)	**59.1**	49	51.1	**65**	49.9
	SimpleQA (Correct)	**24.9**	9.1	17.1	28.4	**38.2**
	FRAMES (Acc.)	**73.3**	69.8	70	72.5	**80.5**
	LongBench v2 (Acc.)	**48.7**	39.4	36.1	41	48.1
Code	HumanEval-Mul (Pass@1)	**82.6**	77.3	77.2	81.7	80.5
	LiveCodeBench(Pass@1-COT)	**40.5**	31.1	28.4	36.3	33.4
	LiveCodeBench (Pass@1)	**37.6**	28.7	30.1	32.8	34.2
	Codeforces (Percentile)	**51.6**	24.8	25.3	20.3	23.6
	SWE Verified (Resolved)	42	23.8	24.5	**50.8**	38.8
	Aider-Edit (Acc.)	**79.7**	65.4	63.9	**84.2**	72.9
	Aider-Polyglot (Acc.)	**49.6**	7.6	5.8	45.3	16
Math	AIME 2024 (Pass@1)	**39.2**	23.3	23.3	16	9.3
	MATH-500 (EM)	**90.2**	80	73.8	78.3	74.6
	CNMO 2024 (Pass@1)	**43.2**	15.9	6.8	13.1	10.8
Chinese	CLUEWSC (EM)	90.9	**91.4**	84.7	85.4	87.9
	C-Eval (EM)	**86.5**	86.1	61.5	76.7	76
	C-SimpleQA (Correct)	**64.1**	48.4	50.4	51.3	59.3

图 1 DeepSeek-V3 与主流模型在各类基准测试中的表现对比

不仅如此，DeepSeek-V3 在代码生成（HumanEval-Mul）、逻辑推理（DROP）和长文本处理（LongBench v2）等复杂场景中也展示了强大的专业性。特别是在数学任务（如 CNMO 2024）上的突出表现，展示了 DeepSeek-V3 对专业任务的支持能力。

既便宜又好用，DeepSeek 受到欢迎自然不让人意外。

举个简单的例子，如果一家中小企业想要增加智能客服、自动生成营销文案或者做一些基础的数据分析，通常的选择就是接入现有的大模型。但 GPT-4 的 API 价格相当昂贵，而 DeepSeek 的开源模型则提供了一个更便宜、更灵活的选择——中小企业完全可以把 DeepSeek 模型下载到自己的服务器上运行。这样不仅可以节省 API 调用费，还可以根据自己的需求进行模型优化。

对个人开发者来说，DeepSeek 更是一种福音。过去，如果个人开发者想要搭建一个 AI 应用，大多数情况下只能依赖 AI 厂商的 API。这不仅意味着每次调用都要花钱，而且还可能受到各种限制，如访问速度、数据隐私风险、API 调用次数等。而 DeepSeek 不仅让 API 的使用成本降到了“白菜价”，更是直接对大模型进行了开源，让个人开发者可以完全自主地运行 AI 模型，不用再受制于商业公司。

对于科研人员来说，DeepSeek 的出现更是极大降低了 AI 研究的门槛。在传统的 AI 研究中，许多高性能模型都是封闭的，如 GPT-4 和 Gemini Ultra，研究人员只能通过有限的 API 调用进行实验，有时连模型的架构都无法完全了解。而 DeepSeek 的开源策略使得科研人员可以自由地使用和研究它的模型，从优化算法到改进模型结构，都拥有了更大的自由度。对于希望深入理解大模型原理、开展前沿研究的学者来说，DeepSeek 无疑是一个理想的选择。

可以说，DeepSeek 让 AI 变得更加“普惠”。在电商领域，拼多多的崛起，让更多低收入人群也能买到性价比高的商品，让消费市场从过去的“品牌溢价”模式中释放出来。DeepSeek 也是如此，它通过低成本的 AI 模型，打破了过去只有大公司才能玩得起 AI 的局面，让 AI 真正来到了普通开发者、中小企业和研究机构的身边。

当然，也有人会质疑：“DeepSeek 的 AI 够用，但会不会牺牲一些高级功能？”这其实和拼多多上的商品一样，有些消费者觉得够用就行，有些消费者则愿意花更多的钱去追求体验感。

DeepSeek 的大模型虽然在某些特定的情景下不如 OpenAI 最先进的大模型，但在日常应用中，如文本生成、代码补全、客服聊天等任务上，它的表现已经足够出色。换句话说，如果不是在做高端 AI 研究，而只是需要一个能满足日常工作需求的智能助手，DeepSeek 给出的选择已经足够了。

这种优异的性价比正是它未来走向更大市场的关键。

2.1.2 构建独特的 AI 生态

在电商领域，拼多多的成功在很大程度上依赖"农村包围城市"的策略，它并没有像天猫、京东那样从一开始就瞄准一二线城市的中高端消费群体，而是先在下沉市场站稳脚跟，通过拼团、补贴等方式吸引三四线城市以及县乡市场的用户，最终反向渗透到更广阔的消费层。

DeepSeek 在 AI 领域的策略与此类似，它的切入点不是直接面向普通消费者，而是围绕开发者社区构建自己的生态，希望从技术圈发力，扩大影响力。

与 OpenAI 的商业模式不同，DeepSeek 并没有直接推出一个类似 ChatGPT Pro 的订阅服务，向 C 端用户收费，而是选择了一条更加开放的道路：开源。它的核心产品 DeepSeek 大模型系列是完全开源的，任何开发者都可以免费使用、修改和优化。这种做法在短时间内吸引了一大批技术爱好者、科研人员和创业公司加入 DeepSeek 的生态中。换句话说，DeepSeek 的目标不是一开始就去抢占高利润市场，而是先吸引开发者群体，让他们成为推广的核心力量。

正如 OpenAI 一开始的策略一样，先获取市场关注，获得尽可能多的用户。在用户使用的过程中，就能积累更多的应用数据，进一步优化自身的模型，从而让模型的技术优势越来越大，技术门槛越来越高。

这一策略带来的最大好处就是能够实现用户口碑裂变，在短时间内获取超乎想象的数据。当一个开源模型足够好用，且门槛足够低的时候，开发者们会自发地在各种技术论坛、社交平台上进行讨论和传播。例如，在 GitHub、Reddit、HuggingFace 等社区中，DeepSeek 的模型就获得了大量关注，越来越多的开发者开始基于 DeepSeek 进行自己的二次开发。越来越多的用户涌入，就会带来源源不断的各种应用数据。

这种模式不需要 DeepSeek 投入太多的市场推广成本，用户增长几乎是自然而然地发生的。这与拼多多早期的社交裂变模式非常相似——拼多多不需要花费大量广告费，而是通过“砍一刀”的方式，让用户主动拉动身边的人注册消费，从而形成指数级的用户增长。

除了用户裂变，DeepSeek 的开源策略还带来了研发成本的降低。训练一个 AI 模型的成本极其高昂，不仅需要强大的算力支持，还需要持续的模型优化和改进。而 DeepSeek 通过开源，让全球开发者共同参与模型优化，这意味着它不需要独自承担所有研发工作，而是可以通过社区的力量来完善自己的技术。

换句话说，DeepSeek 相当于把一部分的研发任务外包给了全球的 AI 技术社区，而社区开发者基于兴趣或者自身业务需求，会主动投入时间改进模型性能、优化推理速度、减少计算成本等。最终，这种众包式的开发模式，使得 DeepSeek 可以用最少的钱做最大的事。

DeepSeek 的开源模式不仅能够帮助它迅速积累大量的技术用户，也使得它可以在短时间内形成一套属于自己的生态系统。而一个 AI 模型的价值，除了自身的能力，在很大程度上还取决于其周围生态的繁荣程度。

举例来说，OpenAI 的 GPT 之所以能够成功，不仅仅是因为它是一个开创性的大语言模型，还因为 OPenAI 围绕 API 接口、插件、第三方应用等构建了一个完整的商业生态。而 DeepSeek 依靠高性价比的服务和开源的生态，把开发者和企业聚集到自己的平台上，让他们愿意长期使用和贡献代码。这样一来，DeepSeek 就能在竞争激烈的 AI 市场中建立起自己的护城河。

从长远来看，DeepSeek 的策略不仅仅是为了吸引开发者，而且还希望通过技术社区的裂变效应，最终影响更广泛的行业用户。当有足够多的开发者基于 DeepSeek 构建应用，企业就会越来越倾向于采用它的模型。这样，DeepSeek 的生态就会逐渐渗透到更多的实际应用场景中，如企业办公、金融分析、自动化客服、医疗辅助等。

DeepSeek“农村包围城市”的策略已经成功迈出了第一步，在全球 AI 领域崭露头角。未来，DeepSeek 能否真正走出一条类似拼多多的成功道路，关键在于它能否持续扩大用户基数，并且在开源生态的基础上形成稳定的商业闭环。但无论如何，它的出现已经让 AI 市场变得更加开放，让更多开发者和企业看到了低成本 AI 的可能性，也打破了过去 AI 依赖强大资本，由科技巨头们制定游戏规则与发展路径的固有模式，让大家开始思考 AI 发展的新路径方式。

2.2　DeepSeek 是如何炼成的

DeepSeek 模型的发布震撼了整个科技圈，作为 AI 领域一颗冉冉升起的新星，DeepSeek 以低成本、高性能、开源的特点吸引了大量关注，其应用迅速超越了 OpenAI 的 ChatGPT，成为苹果应用商店美国地区和中国地区免费 App 下载排行榜第一位。

那么，DeepSeek 究竟是如何做到既便宜又好用的？它背后的技术原理又是什么？

2.2.1　Transformer 基础架构未变

DeepSeek 之所以能在 AI 领域迅速崛起，很大程度上得益于它对 Transformer 架构的优化。虽然 Transformer 并不是新技术，它是由谷歌在 2017 年提出的，但 DeepSeek 在这一架构的基础上，做了大量改进，使模型在训练成本、推理能力和计算效率上都表现突出。

先来看看 Transformer 架构。Transformer 架构的出现，是 AI 语言模型发展史上的一个里程碑。在它问世之前，主流的自然语言处理（NLP）模型大多基于循环神经网络（RNN）或卷积神经网络（CNN）。

然而，RNN 在处理文本时是逐字逐句进行的，相当于让 AI 一个字一个字地读完整个句子再去理解。这种方式虽然有效，但一旦文本变长，RNN 的记忆力就会衰退，导致对长句子的理解能力不足。而 CNN 则是通过滑动窗口捕捉局部特征来处理输入内容的，虽然能一定程度上提升文本处理的速度，但它更擅长图像处理，在自然语言上的全局理解能力不够强。

Transformer 彻底改变了这一切，它的核心思想是自注意力机制（Self-Attention），这种机制可以让 AI 同时关注文本中的多个部分，不再像 RNN 那样逐字处理，而是可以一次性看到整个句子，并能理解不同单词之间的长距离关系。

举个例子，在“DeepSeek 是一个开源大模型”这句话中，Transformer 不会机械地按照顺序处理，而是会计算“DeepSeek”和“大模型”之间的相关性。它能识别出“DeepSeek”这个词更可能与“大模型”相关，而非“是”或者“一个”这样的功能词。这种全局性的关注方式，使得 Transformer 在文本理解上具备了比 RNN 和 CNN 更强的能力，也让 AI 在回答问题、总结文章、生成代码等任务上变得更智能。

不过，Transformer 也并非完美无缺，尤其是在处理超长文本时，其计算量会随着文本长度的增加而成倍增长。也就是说，如果让基于 Transformer 的模型（如 GPT-4）读完一整本《三国演义》，它的显存可能会溢出。这一点是 Transformer 架构的先天短板，也是 DeepSeek 重点优化的方向。DeepSeek 的模型在计算资源有限的情况下，依然能够提供强大的推理能力，就是因为它在 Transformer 架构的基础上，进行了多层面的优化，让计算更高效、推理更精准。

2.2.2 混合专家模型，让计算更高效

混合专家模型（MoE）最早由谷歌提出，其目的是降低计算成本、提高推理效率。在 AI 模型的训练和推理过程中，最关键的资源是算力。如果没有足够的算力，AI 模型的性能再强大也难以发挥。而 MoE 的出

现，改变了传统 AI 模型的计算方式，使得 AI 可以更聪明地分配算力，不再让所有计算单元都同时工作，而是“按需分配”，只让真正需要执行任务的部分运作，避免了资源浪费。

我们可以把 AI 想象成一家大型餐厅，里面有很多厨师，每个厨师的专长不同，有的擅长做中餐，有的擅长做西餐，还有的专门做甜点。如果按照传统的 AI 模型计算方式，那不管客人点了什么菜，餐厅里的所有厨师都会一起动手，哪怕他们的技能与这道菜毫无关系。这不仅会增加餐厅的运营成本，还会导致工作效率低下。

而 MoE 的方法就聪明多了，它会根据客人的订单，只让最擅长这道菜的厨师来工作，其他厨师则可以休息或准备其他任务。这样一来，不仅节省了成本，餐厅的运营效率也会大幅提升。

DeepSeek 正是采用了 MoE 架构，并在此基础上进行了改进，让 AI 模型的计算更高效。在 DeepSeek 的 AI 体系中，整个模型的参数被划分为多个“专家”，每个专家都专门负责处理不同类型的任务。AI 在进行推理时，并不会调用所有的专家，而是智能选择最合适的专家来处理任务。

例如，如果 AI 需要进行数学计算，它就会激活负责数学逻辑的专家，而如果任务是文本创作，它则会调用专门的语言处理专家。这样一来，计算资源就不会被浪费，既保证了计算的精准度，又大幅降低了算力消耗。

MoE 架构的优势不仅在于节省算力，它还让 AI 更容易扩展。在传统的 AI 模型计算模式下，想要处理更复杂的任务，通常需要扩大模型规模，例如增加更多的神经元、使用更高性能的计算设备，而这会导致训练和推理成本飞涨。MoE 则提供了一种更灵活的扩展方式，在这种架构之上，可以通过增加专家的数量来提升模型能力，而不是增加整个 AI 模型的计算负担。就像餐厅可以通过招聘更多的厨师来增加菜品种类，而不是让现有的厨师拼命加班。

根据公开信息，OpenAI 的 GPT-4 也采用了 MoE 架构，而 DeepSeek-V3 在此基础上做了进一步优化，引入了更细粒度的专家模型，并增加了“共享专家”。传统的 MoE 架构虽然能够提高计算效率，但也面临一个挑战，那就是如何确定任务该交给哪个专家。DeepSeek 采用了一种新的无损负载均衡技术，可以在不同专家之间更加均匀地分配计算任务，避免某些专家过载，而其他专家却闲置的情况。这种优化不仅提升了计算效率，也让整个模型运行得更加稳定，减少了模型在大规模推理过程中可能出现的计算瓶颈。

此外，DeepSeek 还优化了 MoE 架构的通信方式。在传统的 MoE 架构中，专家之间需要进行频繁的数据交换，这会占用大量的计算资源，甚至可能拖慢整个推理过程。而 DeepSeek 通过优化“路由网络”，大幅减少了专家之间的通信开销，使得模型在推理时能够更加高效。这就像是升级了餐厅的管理系统，原本厨师之间可能需要不断沟通调整菜单，而现在有了智能调度系统，每个厨师都能更快地收到自己的任务，从而提高出菜速度。

DeepSeek 对 MoE 架构的优化，使其模型能够在相同算力下完成更复杂的任务，这对于 AI 的普及具有非常重要的意义。过去，训练和运行 AI 模型往往需要昂贵的 GPU 服务器，这使得中小企业和个人开发者难以承担。而 DeepSeek 通过优化 MoE 架构，让模型可以在更低的计算成本下提供更强的推理能力，这使得 AI 技术真正具备了平价化的可能性，让更多的企业和开发者可以负担得起。

MoE 架构的引入还让 DeepSeek 模型在大规模文本处理、复杂任务推理等应用场景中表现得更加优秀。例如，在法律、金融、医疗等领域，AI 需要处理大量的专业文本，传统模型在面对这种高负载任务时，可能会因为计算资源不足而性能下降。而 DeepSeek 模型通过智能激活相关专家，能够更精准地分析专业文档，提高推理质量。这意味着，DeepSeek 模型不仅可以帮助普通用户写文章、回答问题，还可以在更加专业的领域发挥更大的价值。

可以说，对 MoE 架构的优化是 DeepSeek 实现高性价比 AI 的重要支撑。它让 AI 模型的计算更加高效，让训练成本更加可控，同时也让 AI 更容易扩展、更智能地处理任务。这种技术路线，或许才是 AI 未来发展的方向——不是靠拼算力，而是靠更聪明的计算策略，让 AI 真正成为每个人都能用得起的工具。

2.2.3　多头潜在注意力机制，突破长文本瓶颈

在大模型领域，Transformer 的出现让 AI 在理解文本方面实现了突破性进步，但它并非没有缺陷，特别是在处理超长文本时，其计算和存储的成本会成倍增长，成为 AI 发展的一大瓶颈。

为了解决这个问题，DeepSeek 引入了一种改进版的多头注意力机制——多头潜在注意力机制（Multi-Head Latent Attention，MLA）。这一技术让 DeepSeek 模型能够在更少的计算资源下完成长文本处理，同

时保证准确性，真正实现了“省钱又高效”。

要理解 DeepSeek 为什么要做这一优化，首先需要明白 Transformer 的自注意力机制是具体如何运行的。简单来说，如果让基于 Transformer 的 AI 模型处理一篇文章，它需要存储每个单词的“键（Key）”和“值（Value）”，然后计算它们之间的关联。也就是说，它不光要记住每个字的含义，还要时时刻刻回顾整篇文章中的每个字与其他字的关系。当文本长度增加到 10000 字、20000 字时，就会导致运行变慢，存储和计算需求甚至会直接超出硬件的承受范围。

举个形象的例子，假设你要参加一门考试，传统 AI 的方式是让你把整本书都背下来，并确保每个知识点间的关系都记得清清楚楚，这样在考试时能随时回忆起所有内容。但这个方法显然不够高效，而且记忆力是有限的，不可能把所有信息都一字不落地存储下来。

而 MLA 的方式更像是一种聪明的学习策略，它会用更少的关键信息来代表整本书的知识，例如通过归纳总结，提取核心概念，只保留真正重要的信息，从而大幅减轻记忆负担，同时不影响考试成绩。

为实现 MLA，DeepSeek 采用了一种低秩联合压缩技术。这一技术的核心理念是把庞大的注意力数据进行压缩，使其占用更少的存储空间，同时尽量保留关键信息。换句话说，DeepSeek 让 AI 学会“做笔记”，不是死记硬背整本书，而是提取出最重要的部分进行记忆，从而既能理解整篇内容，又不会占用过多的计算资源。

这种优化的效果有多惊人呢？假设传统的 AI 处理一篇 5000 字的文章需要 10GB 的显存，而通过 MLA 技术优化的模型，可能只需要 5GB

甚至更少的显存就能完成同样的任务。这样的改进对于大型 AI 应用场景至关重要，如法律文书分析、长篇小说创作、科学论文阅读等。DeepSeek 通过 MLA 技术，让这些任务变得更加可行，使得 AI 在超长文本领域的应用得到极大扩展。

MLA 还有一个很重要的优势，那就是它让 AI 可以更自然地进行长文本推理。在传统的 Transformer 结构中，由于计算和存储能力的限制，AI 在处理长文本时往往会“遗忘”前面提到的内容，导致回答逻辑不连贯。

例如，我们让 GPT-3.5 写一篇 5000 字的文章，它可能会在结尾忘记前面写过什么，而 DeepSeek 通过 MLA 技术，让模型输出的长文本连贯性更好，推理能力更强。

MLA 还让 AI 在聊天对话中更加“健谈”。过去的 AI 在长对话中容易“断片”，例如你和它聊了一会儿，它可能突然忘记前面说过的话，或者回答变得重复无聊。但 MLA 能够让 AI 模型在对话过程中保持更长久的记忆，在长时间的交流中维持一致的思路，减少答非所问的情况。这对 AI 客服、智能助理等应用来说至关重要，因为没有人会喜欢一个记性不好的沟通对象。

可以说，DeepSeek 的 MLA 技术是针对 Transformer 处理长文本时的计算瓶颈，提出的一种高效优化方案。它的核心思路就是通过低秩联合压缩，把注意力数据进行提炼和精简，让 AI 既能“看到全局”，又不会“爆内存”。这就像是让 AI 养成了一个“高效学习”的习惯，知道哪些信息是重点，哪些是可以忽略的，从而在更少的计算资源下完成更复杂的任务。

2.2.4 拥抱强化学习，赋能 AI 推理

AI 的成长，就像一个学生的学习过程，一开始需要老师手把手地教，但到了一定阶段，就需要自己去探索、思考，才能真正成为一个“聪明人”。

DeepSeek 模型之所以能在推理能力上达到如此高的水准，关键就在于它的训练不仅依赖传统的监督学习（SFT），还大规模引入了强化学习（RL），从而让模型具备了更强的自主思考和推理能力。

这种结合，让 DeepSeek 模型不仅能记住大量知识，还能像人类一样，基于经验进行更深入的推理和决策，从而在复杂任务中表现得更加智能。

首先，我们要知道，在 AI 模型的训练中，有两种主要方法：监督学习和强化学习。

监督学习就像传统的填鸭式教育，让 AI 模型从大量的标注数据中学习，例如给它一百万个“问题—答案”对，让它记住什么问题该给出什么答案。这种方法能让 AI 快速掌握知识，但它的缺点是，如果给出的问题超出了训练数据，AI 可能就会答非所问或者胡乱编造。

相比之下，强化学习的训练方式完全不同，它更像是一种“让 AI 模型自己学会解题”的方法。强化学习的核心是“奖励机制”，简单来说，就是 AI 不再靠人类手把手教答案，而是靠自己尝试，在不断试错的过程中，找出最优的解决方案。每次 AI 做出决策后，都会收到一个反馈，如果决策正确，它就会得到奖励；如果决策错误，则会受到惩罚。这样反复迭代，AI 就会逐步学会如何做出最优选择。

DeepSeek 在 AI 模型训练过程中，采用了一种“监督学习+强化学习”的方法，先让 AI 通过监督学习掌握基础知识，再用强化学习提高它的推理能力。这一方法能极大提升模型在复杂任务中的表现，如数学推理、逻辑推理、写作、编程等。

DeepSeek-R1 在强化学习的应用上，有两个重要突破。首先，它是全球首批成功在大规模 AI 模型训练中应用强化学习的模型之一。过去，强化学习虽然在 AlphaGo 这样的围棋 AI 上取得过成功，但在大语言模型中，强化学习的应用一直很难规模化。因为强化学习需要“奖励信号”，但在语言任务中，判断一个回答是“好”还是“坏”，并不像围棋那样有明确的胜负标准。而 DeepSeek 通过规则驱动的方法，成功解决了这个问题，让强化学习可以应用到大规模 AI 模型训练中，使 AI 在理解、推理、回答问题时，表现出更强的逻辑性和连贯性。这在历史上几乎没有团队成功实现过。

DeepSeek-R1 的第二个突破在于，它让强化学习不再仅局限于数学、编程等明确有标准答案的任务，而是成功扩展到了更复杂的开放性任务。例如，在写作任务中，AI 需要具备深度推理能力，能够按照合理的逻辑生成文章，而不是简单地拼凑句子。DeepSeek 通过强化学习训练模型，让 AI 能够从已有的文本中“学会如何写作”，而不是单纯地模仿他人写的句子。这种能力的提升，使得 DeepSeek-R1 在写作、逻辑推理、对话分析等任务上，比传统的 AI 更加聪明，甚至在一些场景下，已经能接近人类专家的思维方式。

那么，DeepSeek-R1 是怎么实现强化学习的呢？

具体来看，DeepSeek-R1 的训练分为两个阶段。第一阶段，用

DeepSeek-V3 作为基座模型，通过监督学习让 AI 先建立基本的推理框架。在这个过程中，DeepSeek 还特意增强了模型推理过程的可读性，也就是说，让 AI 在推理时，不只是给出一个“黑箱答案”，而是能够解释自己的思考过程。这一步类似于让一个学生在解数学题时，不只是写出最终答案，还要把计算步骤写出来，让老师能看到他的逻辑思考过程。第二阶段，即强化学习训练阶段，让 AI 通过不断试错，找到更优的推理方式。这个阶段的训练，彻底改变了 AI 的“思考模式”，使得它不再是机械地套用已有答案，而是能够自主优化自己的逻辑结构，让回答更加连贯、合理。例如，在数学推理任务中，DeepSeek-R1 通过强化学习，学会了如何一步步拆解问题，而不是直接给出一个可能正确的答案。在写作任务中，它学会了如何更合理地安排段落结构，让文章读起来更有逻辑，而不是简单地拼凑句子。

这种强化学习的策略，让 DeepSeek-R1 在多个领域的 AI 基准测试中表现出色。毕竟，过去 AI 模型只能回答那些它“见过”的问题，而 DeepSeek-R1 通过强化学习，开始具备了在未知场景下进行逻辑推理的能力。

强化学习的另一个好处是，它降低了 AI 模型训练对海量标注数据的依赖。传统的 AI 模型训练，往往需要数百万甚至上亿条标注数据，而 DeepSeek 通过强化学习，让 AI 自己摸索答案，即使训练数据较少，也能取得很好的效果。这意味着，未来的 AI 模型训练可能不再需要完全依赖人工标注，而是更多地依赖 AI 自己的探索，这将极大地降低训练成本，同时让 AI 变得更加智能。

可以说，DeepSeek 通过强化学习，真正迈出了“让 AI 学会思考”

的一步，让 AI 不再是一个简单的“答案数据库”，而是一个可以独立推理、灵活应对新问题的智能体。随着强化学习策略的优化，未来，AI 或许能够在更多任务中自主发现逻辑规律，提高泛化能力，甚至具备“多层次的自主学习能力”，真正成为通用人工智能（AGI）。

可以看到，虽然 DeepSeek 并未实现从 0 到 1 的颠覆性基础理论创新，但其在模型算法和工程优化方面的系统级创新却不容小觑——从混合专家模型到多头潜在注意力机制，再到强化学习，DeepSeek 正在通过一系列技术创新，让 AI 的训练更高效、推理更智能、计算更节省。

2.3　蒸馏技术全解析

DeepSeek 成功的背后，离不开一项关键技术的支持，这项技术就是蒸馏技术。蒸馏技术能将复杂庞大的模型转化为小巧、高效且实用的版本，让大模型的能力得以更广泛地应用。

DeepSeek 正是通过蒸馏技术，将大模型的推理模式压缩到较小的模型中。这种技术不仅提升了模型的性能，还降低了部署成本。

虽然蒸馏技术让 DeepSeek 的模型变得更加轻便和灵活，但相关争议也随之而来。那么，这具体是怎么一回事？蒸馏技术的应用究竟代表什么？

2.3.1　蒸馏技术是什么

当前，大型 AI 模型凭借数千亿级参数，展现出了超强的性能，像 GPT-4、DeepSeek-R1 就具备了极强的推理和文本生成能力。

不过，这些模型强大能力的背后，是庞大的计算需求和极高的部署成本。运行这些模型往往需要昂贵的服务器、强大的 GPU 集群，而对于企业用户来说，调用一次 API 也可能会带来不小的费用。大模型庞大的计算需求与高昂的部署成本，也严重限制了其在移动端、边缘计算等场景中的应用。

这就引发了一个现实问题——如何让 AI 变得更轻量化、更高效，同时尽可能保留大模型的能力？蒸馏技术就是解决这个问题的一种关键路径。

蒸馏技术并不是新概念，它早在 2015 年就被提出，本质上是一种模型压缩方法，目标是让一个庞大的 AI 教师模型（Teacher Model）将自己学到的知识传授给一个学生模型（Student Model）。后者更小、更轻便，但仍然保持与前者相当的智能水平。

在这个过程中，教师模型通常是一个经过大量数据训练、性能卓越但参数量巨大的模型，如 GPT-4、DeepSeek-R1 这样的大模型。这些大模型相当于一位知识渊博的教授，能够在复杂的任务中展现极强的能力，而学生模型则是一个更轻量化、参数量更少的模型，它的目标是尽可能接近教师模型的表现。简单来说，蒸馏就像是让 AI“师徒传承”，让一个小模型学会大模型的本领，而不需要承担大模型那么高的计算成本。

具体来看，传统的 AI 模型通常采用“硬目标”训练，也就是根据模型给出的最终答案进行参数调整。例如，给 AI 一张猫的图片，我们希望它最终输出的分类结果是“猫”，如果它错了，我们就调整它的参数，直到它能够正确分类。

而在蒸馏技术中，工程师们不仅需要让学生模型学习最终的答案，还需要让它学习教师模型的“软目标”。所谓软目标，是指模型在作出决策时的概率分布。例如，当教师模型看到一张动物图片时，它不会只给出一个确定的答案，而是会计算出多个可能性，例如它认为 80%是猫，10%是狗，10%是其他动物。这些概率分布实际上蕴含了更多的知识，不仅告诉学生模型正确答案是什么，还让它知道哪些选项是接近正确的，哪些是明显错误的。

举个例子，假设你在学数学，传统的“硬目标”训练方式就像是老师只告诉你答案，例如 2+2=4。如果你做错了，老师只会说“错了，正确答案是 4”。但如果采用“软目标”训练方式，老师可能会告诉你：“你的答案是 5，虽然错了，但比 10 更接近 4，因为 10 明显比 4 大太多。”这样一来，你不仅知道了正确答案，还能学到如何调整自己的计算方式，让下一次的答案更准确。

在蒸馏过程中，首先，教师模型需要先对大量的数据进行处理，计算出每个输入对应的软目标。然后，这些软目标被用作学生模型的训练数据，指导它如何做出更接近教师模型的预测。学生模型的目标不是直接复制教师模型的答案，而是学习教师模型的“思考方式”，使得自己的输出尽可能接近教师模型给出的概率分布，同时也符合硬目标。这个过程就像是学生模仿老师解题，同时结合自己的理解，最终形成自己的解题能力。

2.3.2　蒸馏技术的优势

蒸馏技术一个最直观的优势，就是大幅降低计算需求。千亿参数级别的大模型，在推理过程中需要巨大的算力支持，而蒸馏后的小模型，参数可能只有 10 亿个或 20 亿个，但仍然能保留大部分的智能能力。

这样一来，原本只能运行在云端的大模型，现在被“压缩”到可以在消费级硬件上运行，例如一张 RTX 4090 显卡就能驱动一个小型 AI 模型。这种能力的下放，让 AI 不再只是实验室的高端产物，而是真正能够进入千家万户，成为人人可用的工具。

除了能降低对计算资源的需求，蒸馏技术还带来了一个非常重要的改进——模型推理速度的大幅提升。对于许多 AI 应用来说，响应速度比绝对的智能水平更重要，如智能客服、语音助手、AI 代码补全等应用，用户更希望 AI 能够快速给出答案，而不是等待很久才输出一个完美的结果。

大模型在面对复杂问题时，可能需要数秒甚至更长时间来完成推理，而蒸馏后的小模型，由于计算量小，可以在极短时间内完成推理，显著减少延迟。这对于 AI 在商业化场景中的落地应用来说，是一个非常关键的优势。

蒸馏技术还可以让 AI 更具针对性，在特定任务上表现得更好。大模型通常是“通才”，它们能够处理各种各样的任务，如数学推理、代码生成、文章写作、法律分析等，但在一些专业领域，它们可能并不如专门针对某个任务优化的小模型优秀。而通过蒸馏技术可以让一个小模型继承大模型的知识，并专注特定领域的优化，例如专门为编程开发一个轻量级 AI，或者打造一个专长写作的 AI。这种针对性的优化，使得蒸馏技术不仅是一个“压缩”大模型的手段，更是一种让 AI 在不同任务中发挥更大潜力的工具。

DeepSeek 正是通过蒸馏技术，让高性能 AI 能够适配不同的应用需求。DeepSeek-R1 的 670B 参数大模型，在经过蒸馏后，能力成功迁移到了 7B 参数的轻量模型——DeepSeek-R1-7B，后者在多个任务上超越了 GPT-4o-0513 这样的非推理模型。DeepSeek-R1-14B 甚至在多个评估指标上超过了 QwQ-32B Preview，而 DeepSeek-R1-32B 和 DeepSeek-R1-70B 在大多数基准测试中，显著超越了 o1-mini。这也再一次证明，蒸馏后的 AI 可以在更轻量的架构下，展现出不输大模型的性能。

蒸馏技术在各领域中都有着广泛的应用潜力。在自然语言处理（NLP）领域，许多研究机构和企业都在使用蒸馏技术，将大语言模型压缩为小型版本，应用于翻译、对话系统、文本分类等任务。谷歌的实时翻译技术就是依赖蒸馏后的轻量级语言模型，使得翻译系统能够在手机上运行，而不需要依赖强大的云计算资源。

在物联网和边缘计算领域，知识蒸馏的作用更加明显。传统的大模型往往需要强大的 GPU 集群支持，而蒸馏后的小模型，能够以低功耗运行在微处理器或嵌入式设备上。在智能家居系统中，蒸馏后的轻量 AI 模型能让设备具有本地智能处理能力，大幅提升用户体验。此外，在医疗、自动驾驶、智能工厂等场景中，许多 AI 任务需要在边缘计算设备上运行，而不能依赖远程云端的支持，这时使用蒸馏后的 AI 模型就成了最优解。

可以说，蒸馏技术已经成为推动 AI 走向普及的关键技术之一。它不仅让 AI 模型更小、更快、更省资源，还让 AI 更具适应性，使 AI 可以根据需求优化成为“专才”。例如，在医疗行业，我们可以打造一个专门识别病理影像的 AI；在教育领域，可以打造一个专门进行语法纠错和写作指导的 AI。未来，随着大模型的发展，蒸馏技术的应用潜力将更加广阔。

2.3.3 DeepSeek的“蒸馏”侵权了吗

尽管蒸馏技术在业界并不鲜见，但 DeepSeek 对蒸馏技术的应用却引发了广泛的讨论和质疑。

事实上，几乎是在 DeepSeek 爆火出圈的同时，OpenAI 就指控 DeepSeek 通过蒸馏技术获取了他们的模型知识，从而获得了不正当的优势。

那么，DeepSeek 为什么会被质疑？这种争议对 AI 未来的发展又意味着什么？

不可否认，DeepSeek 之所以能在短时间内推出高性能模型，并以低成本运行，蒸馏技术无疑是关键因素之一。

而且，DeepSeek 的成本之低，实在是太“可疑”了。根据 DeepSeek 自己公布的数据，它仅使用了 2048 块英伟达 H800 显卡，花费不到 560 万美元，就训练了一个 671B 参数的 DeepSeek-V3 模型。而作为对比，OpenAI 和谷歌训练同等规模的模型，投入的资金至少是 DeepSeek 的数十倍甚至上百倍。这一点让业内人士都感到蹊跷，DeepSeek 究竟是如何做到的？

有专家猜测，DeepSeek 可能采用了极其高效的计算优化策略，例如使用更智能的数据筛选技术、动态剪枝技术、参数共享机制等，从而降低了模型训练成本。

但另一个广泛流传的猜测是，DeepSeek 可能通过蒸馏技术，从 OpenAI 现有的模型中提取了大量知识，从而绕开了大规模训练的高昂成本。换句话说，DeepSeek 可能没有从零开始训练，而是“站在巨人的肩膀上”，通过让自己的小模型学习 OpenAI 的 GPT-4，快速提升了 AI 水平。

如果 DeepSeek 确实使用了 OpenAI 的输出作为训练数据，这就涉及了知识产权问题。根据 OpenAI 的服务条款，用户不得“复制”其任何服务，也不得“使用其输出开发与 OpenAI 竞争的模型”。如果 DeepSeek 真的利用了 OpenAI 模型的输出进行模型训练，甚至直接通过 API 调用 GPT-4 生成大量数据来进行蒸馏，这在法律上就涉及侵权，甚至会被视为未经授权的技术剽窃。不过，目前并没有确凿证据证明 DeepSeek 确实这样做了，但 OpenAI 的指控在行业内引起了极大的讨论。

事实上，关于蒸馏技术的争议，不只是 DeepSeek 的问题，而是整个 AI 行业都必须面对的挑战。在 AI 时代，数据的版权归属问题变得越来越复杂，如何界定 AI 训练数据的合法性，是一个尚未解决的问题。

就连 OpenAI 本身也深陷类似的法律纠纷，例如《纽约时报》以及多个知名作家都对 OpenAI 提起了版权诉讼，指控 OpenAI 未经许可使用他们的文章和作品来训练大模型。同时，OpenAI 的训练数据如何获取，目前为止依然是一个“黑箱”谜团。

这就让我们看到一个问题：如果 AI 模型的训练数据来源本身就存在版权争议，那么基于这些模型蒸馏出来的知识，是否同样存在法律风险？

不过目前，这个问题并没有明确的法律答案。例如，如果一个企业用 GPT-4 生成了 100 万条对话数据，然后拿这些数据训练自己的 AI 进行蒸馏，这算不算侵犯 OpenAI 的权益？如果 AI 生成的内容足够多样化，与原始数据并不完全一致，这是否就属于合理使用？

目前，各国的法律体系对 AI 生成内容的知识产权归属还没有完善的规定，这就导致 AI 模型训练的“灰色地带”依然存在，而像 DeepSeek 这样依靠蒸馏技术发展的 AI 公司，必然会面临越来越多的监管压力。

而随着大模型的参数规模不断扩大，训练所需的数据越来越多，如何确保训练数据的合规性？如何界定 AI 生成内容的版权归属？如何在技术创新和知识产权保护之间找到平衡？这些问题必须得到解决，否则 AI 行业的发展将不可避免地陷入长期的法律纠纷。

当然，站在技术发展的角度来看，蒸馏本身并不是什么非法手段，而是一种被广泛认可的优化方式。在 AI 领域，蒸馏技术已经被大量应用，例如谷歌、Meta、微软等公司，都在用蒸馏技术来优化自己的 AI 模型，让它们更加轻量化、更适合商业应用。在很多情况下，蒸馏是企业降低成本、提高 AI 可用性的必要途径。只是，一旦蒸馏的对象涉及已经存在的大模型（尤其是竞争对手的模型），它就可能从“技术创新”变成“侵权争议”。

未来，随着 AI 监管政策的完善，这类争议很可能会推动新的行业规则出台，例如明确规定 AI 模型训练数据的来源必须透明，蒸馏必须遵循一定的知识产权保护机制，甚至可能会要求 AI 公司公开部分训练数据，以便外界审核其合规性。从长远来看，这对整个行业是有利的，因为它能建立更加健康、透明、可持续的 AI 生态，让技术发展不会变成“无序竞争”。

可以确定的是，AI 行业未来的竞争不再只是比拼模型的参数规模和推理能力，而是会更加关注数据合规性、透明度及用户隐私保护。DeepSeek 作为新兴 AI 力量，需要在实现技术突破的同时，也在合规性上树立标杆。

蒸馏技术无疑是 AI 发展的“炼金术”，它让高性能 AI 更加轻量化，让普通开发者也能用得起先进的 AI。但要想让这项技术真正“名正言顺”地造福社会，而不是游走在灰色地带的工具，还需要行业、司法界、政策制定者共同努力，找到一条兼顾创新和合规的道路。而 DeepSeek 作为 AI 领域的一匹黑马，也必须在这个过程中，找到自己的平衡点。

2.4　AI 领域的中国创新范式

当前，大模型的爆发式发展，正让世界科技格局发生深刻变化。

过去，硅谷一直是全球科技创新的核心阵地，无论是早期的计算机革命、互联网浪潮，还是如今的人工智能热潮，几乎所有的颠覆性技术都诞生在美国。

然而，在以大模型为代表的新一轮 AI 竞赛中，中国科技公司正在展示出一种新的创新范式——后发优势+高效优化+极致性价比，以更低的成本、更快的速度，在全球范围内形成竞争力——DeepSeek 的成功就是这一范式的典型实践者。

那么，DeepSeek 究竟是如何实现这种创新的？作为普惠 AI 的“中国方案”的先行者，DeepSeek 的成功，又给了我们哪些启示？

2.4.1 把每一个环节都做到极致

算力、数据和资金一直是决定 AI 发展速度和深度的重要因素，尤其是 ChatGPT 的成功，更是明晃晃地昭示着一条“堆资源就能赢”的路径——更大的模型、更多的算力、更丰富的数据和更高的资金投入，谁能把参数量和算力推向更高的数量级，谁就能在 AI 竞赛中占据领先地位。

然而，DeepSeek 的崛起让人们看到了另一种可能：在人员有限、资源有限、资金有限、算力有限和数据有限的背景下，依然可以通过创新实现突破，甚至能与 OpenAI、谷歌这些 AI 巨头一较高下。

DeepSeek 的诞生说是“极限生存”也不夸张。在 AI 产业格局中，许多企业都在拼命堆算力、抢占数据、争夺人才，并通过巨额融资投入 AI 研发，以确保自己在这场大模型竞赛中站稳脚跟。但 DeepSeek 一直面对的却是人员有限、资源有限、数据有限和算力有限。

团队人员方面，DeepSeek 的研发团队规模远小于 OpenAI、DeepMind 和 Meta 这样的 AI 巨头。开发大模型通常需要上百名甚至上千名 AI 研究员和工程师共同协作，但 DeepSeek 只依靠了一个精英小团队。就算到现在，DeepSeek 的员工数量也只有 150 人左右，而 OpenAI 则有超过 1700 名员工。这意味着，DeepSeek 团队必须专注高效开发，精简流程，避免重复劳动，最大化每一位研究人员的产出。

传统 AI 企业的开发模式，往往是“全方位推进”：一个团队优化训练算法，一个团队优化模型架构，另一个团队优化数据采集，还有专门的团队负责算力调度和基础设施搭建。而 DeepSeek 没有这样的资源，所有人都必须“身兼多职”，做到算法与工程并重。他们没有走“人海战术”，而是通过构建高效的开发框架，让少量优秀的研究员完成大团队才能完成的任务。

资金方面，AI 产业是最烧钱的赛道之一，大模型的训练成本更是高得惊人。以 OpenAI 为例，据估计，仅 GPT-4 的训练成本就可能高达数十亿美元，微软更是投资了 130 亿美元以支持 OpenAI 的 AI 研发。而 DeepSeek 的资金显然达不到这个量级，他们必须依靠自主优化来解决这一问题。

算力方面，AI 的训练和推理过程，都依赖大量的矩阵计算和数据处理，而这一切的核心之一就是算力。过去十年，全球 AI 产业的竞争很大程度上就是一场算力的竞赛：谁能拥有更多的 GPU，谁就能在大模型竞赛中占得先机。

英伟达的 A100、H100 等高性能 GPU，一度是大模型训练的“标配”。而国内自研芯片虽然进展迅速，但与英伟达的领先技术仍存在一定差距，尤其是在软件生态和硬件优化方面，仍需时间积累。

因此，随着美国对中国技术封锁的升级，中国现阶段无法应用高端 GPU 芯片，只能转而使用性能较低的 H800、A800 芯片。相比 H100 芯片，H800 芯片的算力性能被限制，带宽也被削弱，这使得中国 AI 企业在训练大模型时，面临着巨大的算力瓶颈。

在这样的背景下，DeepSeek 面对的现实就是：没有顶级算力支撑，如何在有限的硬件条件下，训练出能够与 GPT-4 相媲美的 AI 模型。

面对算力困境，DeepSeek 选择了从算力依赖转向算力创新。与其被动等待高端 GPU 芯片的解禁，DeepSeek 更倾向于通过算法创新、架构优化和计算资源调度来提高现有算力的使用效率，实现“以巧胜力”。他们没有陷入算力焦虑，而是反其道而行之，重新审视 AI 模型的计算路径，探索出一条在低算力环境中依然能实现高效训练的新路。

数据有限也是DeepSeek所面临的挑战之一。AI模型训练的数据量，通常被认为是决定模型质量的重要因素。OpenAI 训练 GPT-4 时，使用了整个互联网的公开数据，总量可能达到数万亿 token。而 DeepSeek 无法像 OpenAI 那样获得如此庞大的数据集，因此他们采取了一种高质量数据优先的策略。

根据 DeepSeek 的技术报告，DeepSeek-V3 采用了更多元化的数据获取策略。基础训练数据来源于经过严格筛选的 Common Crawl 语料库，这确保了数据的广泛性和代表性。除此之外，其研发团队还特别重视专业领域的数据引入，包括大规模的代码数据集、数学推理数据、科学文献等。

在数据清洗环节，DeepSeek 采用了专有的数据过滤算法，实施了多层次的质量控制。在这个过程中，首先对原始数据进行重复内容的识别和删除，确保数据的唯一性。然后，通过智能算法筛除低质量内容，包括格式错误的数据、不完整的文本片段以及不符合规范的内容。这种严格的数据清洗流程不仅提高了训练数据的质量，也为模型的最终表现奠定了良好基础。

在数据处理的技术实现上，DeepSeek 采用了一系列先进的处理方法。首先是统一的 tokenizer（分词器）设计，确保了数据处理的一致性。

其次是动态序列长度调整机制，这使得模型能够更好地处理不同长度的输入。通过数据混合采样策略和课程学习方法，DeepSeek 也优化了训练过程中的数据使用效率。

可以说，DeepSeek 成功地进行了非常系统的再创新。无论是在模型架构上，还是在模型训练上，DeepSeek 都有新的突破，这些系统的再创新，使得 DeepSeek 模型的推理能力大大提升，并实现了降本增效，也让模型能力的展开成为可能。

如果说 OpenAI 是第一个走出来，利用算力、数据、算法实现了智能涌现，那么 DeepSeek 就是把每一个环节做到极致，达到了高质量、低成本的效果。

2.4.2　先行者未必占据全部胜势

在科技领域，很多人认为“先发优势”是决定胜负的关键。谁先抢占市场，谁先推出产品，谁就能建立领先地位，后来者想要追赶困难重重。

但在人工智能这条新兴赛道上，这一逻辑却并不总是成立的。尤其是在大模型时代，后发者反而有机会更快找到最优路径，避开前人的弯路，用更低的成本、更高效的技术实现突破。DeepSeek 的成功，就是典型的例证。

我们必须认识到，人工智能的发展速度极快，谁都没有绝对的领先优势。就拿大语言模型来说，今天 ChatGPT 的核心架构 Transformer，是由谷歌的研究团队在 2017 年提出的。如果按照“先发制胜”的传统逻辑，谷歌应该是第一个把 Transformer 变成商业产品的公司。但现实却是，谷歌虽然发明了这项技术，却并没有第一时间将其商业化，而是OpenAI抓住机会率先推出了ChatGPT，并借助产品的快速迭代和优化，一举占领了市场。

这也说明，在科技竞争中，原始创新并不是决定企业成败的唯一因素，如何更快落地、如何高效优化、如何降低成本，才是决定最终成败的关键。

DeepSeek也走的是类似的路径。OpenAI作为AI领域的领跑者，率先推出了GPT-3、GPT-4这样的大模型，并投入了巨额资金进行模型训练和优化；DeepSeek作为后发选手，完全可以跳过这些昂贵的试错阶段，直接站在前人探索过的更成熟的模型上进行技术筛选和优化。

换句话说，先行者的角色有点像是“开路人”，他们必须探索各种可能的技术路线，投入大量资源进行实验，而后来的玩家则可以从这些探索中挑选最优解，绕开那些不必要的成本，选择更高效的方案。这就像是在一片未知的森林里行进，走在最前面的人需要不断摸索，可能会走弯路、遇到障碍，但后面的人只要沿着走通的路线前进，就能更快到达终点。

DeepSeek-V3的训练成本比GPT-4低一两个数量级，正是后发优势的体现——DeepSeek并没有从零开始摸索所有技术，而是基于已有的研究成果，选择最优技术路径，在数据选择、模型架构、计算优化等方面做出调整，让整个训练过程变得更加高效。

后发优势带来的另一个关键点是，可以用更先进的方式构建大模型。OpenAI的GPT-4诞生时，很多训练方案和架构设计还是基于几年前的研究成果，而 DeepSeek 在进入这个赛道时，已经有了更多新的优化策略可供选择。

例如，DeepSeek 在训练过程中更早地引入了混合专家模型，让 AI 在推理时只激活部分参数，从而显著减少算力消耗。同时，它采用了更高效的训练数据筛选方法，减少了冗余数据对模型学习的影响。这些优化手段，使得 DeepSeek 在整体算力投入远低于 OpenAI 的情况下，仍然能训练出高质量的 AI 模型。

可以说，在商业化路径上，后发者同样具备优势。举例来说，OpenAI 在打造 ChatGPT 时，就面临着一个挑战：如何让用户接受 AI 聊天助手？

这个问题并不好解决，需要大量的用户测试、产品迭代和市场推广。而在 DeepSeek 进入市场时，这个问题已经不存在了，用户对 AI 助手的需求已经被 OpenAI 证明是切实存在的，市场对大模型的接受度已经大大提高，DeepSeek 只需要提供一个更具性价比的替代方案，就能迅速吸引用户。

这也是为什么 DeepSeek 能够在短时间内获得大量关注，并迅速占据市场份额。简单来说，DeepSeek 并不需要像 OpenAI 那样“教育市场”，而是可以直接向用户提供一个成本更低、效果相近的 AI 解决方案。

此外，AI 竞争的门槛并不像外界想象得那么高。在过去，科技行业往往是“赢家通吃”，如在智能手机市场，苹果和三星占据了大部分市场份额，后来的厂商很难撼动它们的地位。但 AI 赛道不同，大模型的核心技术并不完全封闭。一旦有足够的计算资源和优化方法，后来的企业完全有机会构建出媲美先行者的模型。特别是在开源社区的推动下，大量的 AI 研究和训练方法被共享，这使得新进者可以更快掌握技术要点，而不需要像 OpenAI 那样投入数十亿美元进行独立研发。DeepSeek 就很好地抓住了这一点，通过高效的资源配置和优化，在短短 2 年内就打造出了行业领先的 AI 解决方案。

当然，后发优势并不意味着“抄作业”就能成功，关键在于如何在已有技术的基础上找到优化空间。DeepSeek 的成功，不只是简单地“复刻”OpenAI，而是在训练方法、推理效率、模型架构等方面做出了自己的创新。

这种优化思路，正是后发企业的典型策略——不是从零开始，而是在已有成果的基础上，找到可以改进的地方，化繁为简，提高效率。

对于所有后来者来说，DeepSeek 提供了一个清晰的案例——不需要一开始就做行业的“探索者”，而是可以利用已有的研究成果，找到最优路径，用更高效的方式实现突破。在这个飞速变化的时代，谁能更快适应、谁能更快优化，谁就能成为真正的赢家。

DeepSeek 不是第一个进入大模型赛道的企业，它的成功证明了，在 AI 竞争中，后发者依然可以凭借更聪明的策略，快速弯道超车。

2.4.3 中国制造模式的 AI 应用

过去几十年，中国制造一直是全球经济增长的重要引擎。从消费电子到新能源汽车，再到高铁和基建，中国企业的竞争力并不在于率先发明某项技术，而是在已有技术的基础上，通过优化、整合、降本增效，最终实现更高的性价比和市场渗透率。今天，中国制造模式的逻辑也正在 AI 领域重演，而 DeepSeek 的成功正是这一模式的最佳注解。

AI 发展到今天，大模型已经成为主流趋势。从 OpenAI 的 GPT 系列到谷歌的 Gemini，各大巨头都在不断加码 AI 研发，争夺算力和数据资源。然而，训练一个大模型的成本极其昂贵，OpenAI 训练 GPT-4 可能花费了数十亿美元，谷歌、Meta 也投入了类似规模的资金。这种“烧钱模式”让很多后来者望而却步，似乎只有拥有巨量资金的科技巨头，才能在 AI 竞赛中存活。

但 DeepSeek 671B 参数的 V3 模型的训练花费仅不到 560 万美元，并且只用了 2048 块 H800 GPU。相比 OpenAI 和谷歌在同等规模模型上动辄几万块 GPU 的消耗，DeepSeek 的成本控制几乎是行业的一股清流。

这种极致的成本优化方式，完全符合中国制造的核心思路：在不牺牲产品质量的前提下，尽可能压缩成本，提高生产效率，从而让更多人用得起先进技术。

在 AI 模型训练中，数据是关键，算力是成本，模型架构是核心，而 DeepSeek 在这三个方面都进行了优化。

首先，DeepSeek 对训练数据进行了筛选。它并没有盲目地使用庞杂的互联网数据，而是通过数据清洗、去重、优化标注等方式，提高数据的有效性。同时，它采用了一种高效的数据采样技术，这种技术不会让所有的数据都均等地进入训练，而是通过动态筛选，让最具代表性的数据优先训练，这样既能提升训练效果，又能避免不必要的算力浪费。

其次，在模型架构上，DeepSeek 采用了混合专家模型，让计算资源分配更加高效。传统大模型在推理时，所有参数都会被激活计算，而混合专家模型架构的优势在于：每次推理只启用部分专家网络，而不是全量计算，从而大幅降低计算成本。

在算力管理方面，DeepSeek 采用了一种更智能的 GPU 调度策略，让每块 GPU 的计算任务更加均衡，减少了计算资源的浪费。OpenAI 训练 GPT-4 时，用到了非常复杂的算力调度系统，来确保成千上万块 GPU 高效协作，而 DeepSeek 通过优化计算图，让 GPU 的计算任务更加均衡，减少了通信开销，使得整体计算效率提高了 20%以上。可以看到，DeepSeek 不是单纯地提高算力投入，而是用更精细化的管理方式，提高资源的利用率，让每一块 GPU 都能发挥最大作用。

在软件层面，DeepSeek 也进行了大量优化。传统 AI 训练往往涉及大量的冗余计算，例如在数据预处理、梯度更新等过程中，会重复进行很多不必要的计算，而 DeepSeek 通过去除冗余计算、优化数据流动、减少显存占用等方式，使得整个训练流程更加流畅。例如，在 OpenAI 训练 GPT-4 时，他们采用了一种多步计算方式，每一步都会存储大量的中间结果，这虽然能提高模型的稳定性，但同时也极大地增加了显存消耗。而 DeepSeek 采用了一种更高效的存储管理方式，让计算过程更加轻量化，显存占用降低了近 30%，这使得它在相同的硬件配置下，能够训练更大的模型。

DeepSeek 的成功，来自对中国制造模式的深刻应用。中国制造的成功，并不是因为成本低，而是因为在全球供应链体系中，中国企业具备高度灵活的生产能力、极强的成本控制能力、极高的效率配置、最有性价比的产品品质，以及对市场需求的快速响应能力。这种能力被 DeepSeek 用在了 AI 模型训练上，从数据选择到算力管理，从模型优化到商业化路径，都体现出了一种精准、高效、低成本的执行模式。

更重要的是，这种模式让 AI 技术真正实现了普惠化。在过去，只有科技巨头才能负担得起大模型训练的高昂成本，而现在 DeepSeek 通过成本优化，让中小企业、个人开发者也能使用到高性能的 AI 模型。就像中国制造让智能手机、家电、新能源汽车等产品变得更加亲民，DeepSeek 也在让 AI 变得更可及，让 AI 技术从高不可攀的实验室研究成果，真正进入大众市场。

AI 领域的竞争还远未结束，但 DeepSeek 已经证明了一件事：在科技行业，并不一定是谁砸钱多，谁就赢，而是看谁更懂得如何用最少的资源，创造最大的价值。这是中国制造在过去几十年里不断验证的成功逻辑。而在 AI 这个全新的竞技场上，它同样正在发挥作用，推动中国 AI 走向世界。

未来，AI 模型训练的方式可能会越来越像“精益生产”，比拼的不是谁投入得更多，而是谁优化得更好。而 DeepSeek，正站在这个趋势的最前沿，用中国制造模式重新定义 AI 竞争新规则。

实战 DeepSeek：从入门到精通

3.1 向 DeepSeek 提问的五个黄金法则

在使用 DeepSeek 等 AI 工具时，提问的方式直接影响回答的质量。为了让 DeepSeek 更好地理解我们的需求并提供高质量的回答，这里总结了五个黄金法则，来帮助我们更高效地与 AI 互动。

3.1.1 法则一：明确需求

向 DeepSeek 等 AI 工具提问时，需要清晰、具体地表达需求，避免模糊或笼统地提问。AI 虽然强大，但它难以准确猜测用户的真实意图。如果提出的问题过于宽泛，得到的回答可能会偏离期望。也就是说，对于大语言模型而言，不同的使用方法所获得的结果是不同的，这取决于用户对于 AI 的“指挥”能力，也就是提问的技术。提问越精准，所获得的回答就会越接近用户的期望。

错误示例：“帮我写点东西。”

问题分析：AI 不知道你需要写些什么，是文章、邮件，还是文案？缺乏具体信息，得到的回答就可能毫无用处。

正确示范：“我需要一封求职邮件，来应聘新媒体运营岗位，强调拥有 3 年微信公众号运营经验。”

修改解析：明确了任务类型（求职邮件）、岗位（新媒体运营）和重点（微信公众号运营经验），AI 可以有针对性地生成内容。

小技巧：在提问时，尽量包含“谁、什么、如何”等关键信息，让 AI 更清楚我们的需求。

3.1.2 法则二：提供背景

为问题补充必要的背景信息，帮助 AI 更好地理解上下文。AI 的回答质量取决于用户提供的信息量。如果缺乏背景，AI 可能会做出不准确的假设，导致回答偏离实际需求。

错误示例：“分析这个数据。”

问题分析：AI 不知道数据属于什么类型，分析的目的是什么，自然无法给出有价值的回答。

正确示范：“这是一家奶茶店过去三个月的销售数据，请分析周末和工作日的销量差异（附 CSV 数据）。”

修改解析：提供了数据来源（奶茶店）、时间范围（过去三个月）、分析目标（周末和工作日的销量差异），AI 可以有针对性地进行分析。

小技巧：如果是复杂任务，可以附上相关文件或链接，帮助 AI 更好地理解问题。

3.1.3 法则三：指定格式

明确回答的格式或结构，确保信息以我们期望的方式呈现。AI 可以生成多种形式的回答，但如果我们不指定格式也未提需求，可能会得到冗长的段落、无序的列表，或者其他不符合需求的格式。

错误示例："给几个营销方案。"

问题分析：AI 可能会生成一段文字描述，但你可能更希望看到结构化的方案。

正确示范："请用表格形式列出咖啡店三个情人节促销方案，包含成本预估和预期效果。"

修改解析：指定了格式（表格）、内容（促销方案）、附加信息（成本预估和预期效果），AI 可以生成清晰、易读的回答。

小技巧：如果需要结构化信息，可以明确要求使用表格、列表、流程图等形式回答提问。

3.1.4　法则四：控制长度

限制回答的长度，确保信息简洁明了，避免冗长或不必要的细节。AI 有时会生成过于详细的回答，但我们可能只需要简短的关键信息。通过控制长度，可以让回答更符合我们的需求。

错误示例："详细说明。"

问题分析：AI 可能会生成一篇长文，但你可能只需要几句话的总结。

正确示范："请在 200 字以内解释区块链技术，让完全不懂这一技术的老年人听得懂。"

修改解析：限定了字数（200 字以内）和目标受众（完全不懂区块链技术的老年人），AI 会生成通俗易懂的简短解释。

小技巧：如果需要简短回答，可以明确字数限制或要求“用一句话总结”。

3.1.5 法则五：及时纠正

如果回答不符合预期，可及时提供反馈，帮助 AI 调整回答。AI 的回答可能并不总是完美的，但我们可以通过反馈让它逐步改进。

当对 DeepSeek 的回答不满意时，可以回复：

“这个方案成本太高，请提供预算控制在 500 元以内的版本。”

修改解析：通过反馈，AI 可以调整方案，使其更符合预算要求。

“请用更正式的语气重写第二段。”

修改解析：提出明确要求，让 AI 调整语气，使内容更符合需求。

小技巧：反馈时尽量具体，指出哪里不满意以及希望如何改进。

3.2 DeepSeek 交流场景解析

3.2.1 场景一：日常生活全方位回应

生活总是充满各种疑问——遇到健康问题怎么办？办理购房贷款时有哪些注意事项？孩子的学习能力该如何提升？从健康管理到孩子教育，从法律事务到科技产品选购，生活中的每一个决策都需要大量的信息支撑。但现实是，我们没有足够的时间和精力逐一查找和分析各种信息，而且有时候得到的信息也不够可靠。那么，有没有一种方式能快速、精准地获取实用答案呢？

在这样的情况下，AI 工具的使用就非常必要了——无论是健康、教育、法律，还是科技、消费、理财，只需要对话，DeepSeek 就能帮我们找到最适合的解决方案，让生活更加高效、便捷、安心。

1. 健康问题：私人健康小助手

健康是我们最关心的话题之一，但很多时候，我们在遇到身体不适时并不知道该如何正确处理。DeepSeek 可以提供科学、专业、易懂的健康建议，让我们快速获得答案，减少不必要的焦虑。

“感冒了怎样快速缓解？”

DeepSeek 不仅会告诉你该如何缓解感冒症状，还会根据你的身体状况推荐适合的饮食和护理方法，包括：

推荐居家护理：多喝水、保证休息、适量补充维生素 C 等；

分辨感冒与流感：如果你有高烧、全身酸痛等症状，DeepSeek 会提醒你可能是流感，而不是普通感冒，并对是否需要就医提出建议；

饮食建议：推荐生姜红糖水、鸡汤等有助于缓解感冒症状的食物，并提醒你避免食用刺激性食物。

“如何提高睡眠质量？”

失眠是现代人的常见问题，DeepSeek 不仅会提供改善睡眠的实用建议，甚至可以根据你的作息习惯定制个性化睡眠方案，包括：

睡眠环境优化：减少屏幕蓝光、调节卧室温度、使用助眠香薰等；

调整作息：培养固定的睡眠时间，避免睡前使用手机；

推荐助眠食物：如牛奶、香蕉、坚果等；

建议冥想或白噪声：帮助你放松，进入深度睡眠。

“体检报告怎么看？”

拿到体检报告，却看不懂各项指标？DeepSeek 可以帮你解析体检报告，解释每个指标的含义，并告诉你哪些方面需要注意，是否需要进一步检查，甚至为你提供相关的健康管理建议。

2. 教育学习：孩子的成长规划专家

无论是孩子的学业问题，还是自己的个人提升需求，DeepSeek 都能提供高效的学习方案和专业的教育建议。

“孩子学习没动力怎么办？”

对于孩子厌学、注意力不集中的问题，DeepSeek 会分析可能的原因，并提供有针对性的学习方法。

游戏化学习：通过趣味竞赛、积分奖励等方式，让孩子在游戏中学习；

番茄工作法：25 分钟学习+5 分钟休息，提高专注力；

兴趣引导：根据孩子的兴趣，推荐适合的学习资源，如编程启蒙、绘画课程等。

“出国留学怎样选学校？”

DeepSeek 可以根据你的专业、学习成绩、资金预算、未来就业方向等，为你筛选合适的留学国家和学校。

排名 vs.适配度：不仅看学校排名，还会分析哪些学校适合你的学术背景；

费用预算：帮助你计算学费和生活费，避免超出经济承受能力；

未来就业：分析不同学校的就业率、行业认可度，帮助你做出最佳选择。

“想提升自己，但不知道学什么？”

DeepSeek 可以根据你的职业规划，推荐适合的在线课程、技能学习。

职场进阶：推荐领导力、数据分析、PPT 优化等课程；

兴趣学习：如果你对摄影、编程、心理学感兴趣，DeepSeek 也能推荐合适的课程资源。

3．法律问题：随身的法律顾问

生活中难免遇到各种纠纷和法律问题，但普通人往往对法律条款不够了解。DeepSeek 可以提供清晰易懂的法律建议，帮我们明晰法条、规避风险，维护自身权益。

“租房遇到黑中介怎么办？”

对于租房时遇到中介乱收费、不退押金等问题，DeepSeek 会提供详细的维权指南。

法律依据：告诉你《民法典》《住房租赁条例》的相关规定；

投诉渠道：列出可行的维权方式，如消协部门、法院；

提供法律文书模板：如起诉状、律师函等，帮你维护权益。

“如何写一份有效的劳动合同？”

不清楚劳动合同应该包含哪些条款？DeepSeek 不仅提供标准劳动合同模板，还会：

解析合同条款，防止你被不公平条款坑害；

提醒注意事项，如试用期、社保、工资发放细节等；

帮助计算赔偿，如果被违法解雇，DeepSeek 会帮你计算应得的赔偿金额。

4. 科技数码：选购与故障修复指南

“最近想买手机，哪款性价比最高？”

DeepSeek 可以根据你的需求（拍照、游戏、续航、办公），对比当前市场上热门机型，给出详细测评和购买建议。

“电脑开机慢怎么办？”

如果你的电脑卡顿、开机慢，DeepSeek 会提供简单易行的优化方案：

清理开机启动项，减轻系统负担；

检查硬盘健康状况，判断是否需要换固态硬盘（SSD）；

升级内存，提高运行效率。

“怎样优化家里的 Wi-Fi 信号？”

Wi-Fi 信号不好？DeepSeek 可帮助分析可能的原因，并给出建议：

改变路由器摆放位置，避免信号干扰；

优化信道，减少网络卡顿；

扩展 Wi-Fi 覆盖范围，推荐适合的信号增强设备。

3.2.2　场景二：学术论文全流程辅助

1. 开题攻坚：助力高效确定选题与文献调研

开题是学术论文写作的第一步，也是最关键的环节之一。一个好的研究方向不仅决定了论文的深度和创新性，还直接影响后续研究的功效和成果质量。借助 DeepSeek，可以显著提升开题效率，帮助你快速锁定研究方向，优化题目设计，并高效完成文献调研。

1）寻找研究方向

【输入指令】如果你是机械工程专业的本科生，可以输入：“我是机械工程专业本科生，请推荐 5 个适合毕业设计的智能机器人相关课题，要求：具有创新性但不过于前沿，需要进行仿真实验而非实物制作，并提供相关参考文献关键词。”

【DeepSeek 输出】DeepSeek 会根据你的专业背景和需求，推荐多个具有创新性且适合仿真实验的课题，以及相关参考文献的关键词，帮助你快速定位高质量文献。例如：

- 基于深度学习的机械臂抓取系统研究

创新点:结合深度学习与机器人控制,提升抓取系统的智能化水平。

关键词：机器人抓取算法、自适应控制、仿真实验。

- 基于强化学习的移动机器人路径规划研究

创新点：利用强化学习优化路径规划算法，适应复杂环境。

关键词：强化学习、路径规划、移动机器人、仿真平台。

- 多机器人协作系统的任务分配与优化研究

创新点：研究多机器人系统的任务分配策略，提升协作效率。

关键词：多机器人系统、任务分配、协作优化、仿真实验。

- 基于视觉 SLAM 的室内导航机器人研究

创新点：结合视觉 SLAM 技术，实现高精度室内导航。

关键词：视觉 SLAM、室内导航、机器人定位、仿真实验。

- 智能机器人的人机交互设计与仿真研究

创新点：研究自然语言处理与机器人交互的结合，提升用户体验。

关键词：人机交互、自然语言处理、智能机器人、仿真实验。

2）优化题目

【输入指令】输入“优化‘基于深度学习的机械臂抓取系统研究’”。

【DeepSeek 输出】改写为“基于改进 YOLOv5 的未知物体自适应抓取系统研究”，并指出优化理由。

创新点更明确：改进 YOLOv5 算法，突出技术亮点。

研究范围更聚焦：针对未知物体的自适应抓取，体现研究的独特性。

【进一步优化】如果你希望题目更具学术性，可以输入："请将题目改写为更符合学术规范的表述。"

【DeepSeek 输出】改写为"基于改进 YOLOv5 算法的未知物体自适应抓取系统设计与仿真研究"，并解释改写逻辑。

增加"设计与仿真研究"，突出研究的完整性和方法论。

使用"算法"一词，体现技术深度。

3）文献速览

【上传文献】将 10 篇相关文献上传至 AI 平台。

【输入指令】"请用表格对比各文献的研究方法，按'创新点/局限/可借鉴处'三列整理。"

【DeepSeek 输出】生成清晰的文献对比表格：

文献标题	创新点	局限	可借鉴处
文献 A：基于深度学习的机器人抓取系统	提出了一种新的抓取策略，适用于复杂场景	实验数据量不足，泛化能力有限	可借鉴其抓取策略设计
文献 B：强化学习在路径规划中的应用	引入动态环境适应机制，提升路径规划效率	计算复杂度较高，实时性较差	可借鉴其动态环境建模方法
文献 C：多机器人协作任务分配研究	提出了一种分布式任务分配算法，降低通信开销	未考虑机器人故障情况	可借鉴其分布式算法设计
文献 D：视觉 SLAM 在室内导航中的应用	结合深度学习提升定位精度	对光照变化敏感，鲁棒性不足	可借鉴其视觉 SLAM 框架
文献 E：智能机器人人机交互设计	提出了一种基于自然语言处理的交互模型	交互场景有限，未覆盖复杂指令	可借鉴其交互模型设计

DeepSeek 还会总结文献研究的整体趋势，包括但不限于：

当前热点：深度学习与机器人控制的结合、强化学习在路径规划中的应用。

研究空白：多机器人系统的故障容错机制、复杂环境下的实时抓取策略。

4）开题报告撰写辅助

【输入指令】"请根据以下研究方向'基于改进 YOLOv5 的未知物体自适应抓取系统研究'，生成开题报告的研究背景和意义部分。"

【DeepSeek 输出】

研究背景：随着智能制造和物流自动化的发展，机器人抓取技术成为研究热点。传统的抓取系统依赖预设规则，难以适应未知物体的抓取需求。近年来，深度学习技术的快速发展为机器人抓取系统提供了新的解决方案。

研究意义：本研究旨在结合改进 YOLOv5 算法，设计一种自适应抓取系统，能够有效识别和抓取未知物体，提升机器人在复杂环境中的作业能力，为智能制造和物流自动化提供技术支持。

总的来看，在开题阶段，DeepSeek 可以帮助你：

- 快速锁定研究方向：推荐创新性强且符合需求的课题。
- 优化题目设计：使题目更具学术性和吸引力。
- 高效完成文献调研：通过文献对比表格，快速展现领域研究现状。
- 辅助开题报告撰写：生成高质量的研究背景和意义内容。

通过 DeepSeek 的辅助，你可以大幅缩短开题时间，将更多精力投入研究设计和实验实施中，为后续的论文写作打下坚实基础。

2. 正文写作：帮助研究内容高效表达与数据呈现

正文是学术论文的核心部分，涉及方法描述、数据分析、结果展示等多个板块。如何用准确、规范的学术语言表达研究内容，如何高效呈现数据并避免重复，是许多研究者面临的挑战。而借助 DeepSeek 可以显著提升正文写作的效率和质量。以下是 DeepSeek 在正文写作中的具体应用方法和技巧。

1）学术写作应用方法描述

学术论文中的方法描述通常使用被动语态，以突出研究的客观性和科学性。DeepSeek 可以帮助你将日常语言转化为符合学术规范的表达。

【输入指令】“请将这段实验步骤改写成学术被动语态：‘我们先用 CAD 画了模型，然后导入 ANSYS 做力学分析。’”

【DeepSeek 输出】改写为“首先通过 CAD 软件构建模型，随后将其导入 ANSYS 进行力学分析。”

改写逻辑：

使用被动语态（“构建模型”“导入 ANSYS”），避免主观表述。

增加连接词（“首先”“随后”），使逻辑更加清晰。

【进一步优化】如果你希望表达更简洁，可以输入：“请将这段描述压缩为一句话。”

【DeepSeek 输出】“通过 CAD 软件构建模型并导入 ANSYS 进行力学分析。”

其他示例：

原句：“我们采集了 100 组实验数据，并用 Python 进行了统计分析。”

DeepSeek 改写：“实验数据共采集 100 组，并通过 Python 进行统计分析。”

2）数据可视化

数据可视化是学术论文中展示实验结果的重要手段。选择合适的图表类型，能够更直观地传达数据信息。

【输入指令】“请建议三种适合展示温度变化曲线的图表类型，并说明选择理由。”（在此之前已上传一组温度随时间变化的 Excel 数据）

【DeepSeek 输出】

- 折线图

适用场景：展示温度随时间变化的连续趋势。

选择理由：折线图能够清晰反映数据的波动和变化趋势，适合时间序列数据。

- 热力图

适用场景：展示温度在空间或时间上的密度分布。

选择理由：热力图通过颜色深浅直观呈现数据分布，适合多维数据分析。

- 散点图

适用场景：展示温度与其他变量（如湿度）的相关性。

选择理由：散点图能够揭示变量之间的关系，适合相关性分析。

【进一步优化】如果你希望生成具体的图表，可以输入："请根据我的数据生成一张折线图，并标注关键数据点。"

【DeepSeek 输出】生成折线图，并标注温度峰值和谷值，同时提供图表说明。

3）降重技巧

学术论文的查重率是评价其原创性的重要指标。DeepSeek 可以帮助你通过同义替换、句式调整等方式降低查重率，同时保持原意。

【输入指令】"学术化改写'机器学习需要大量数据支持'，保持原意但调整句式结构。"

【DeepSeek 输出】改写为"当前，AI 模型的训练过程，往往依赖于海量样本的持续输入。"

改写逻辑：

同义替换："机器学习"改为"AI 模型"，"大量数据"改为"海量样本"。

结构调整：将简单句改为复合句，增加学术性。

4）生成结果与讨论

结果与讨论部分是论文的核心，需要清晰地展示研究发现并深入分析其意义。

【输入指令】“请根据以下数据生成结果描述：‘实验组 A 的平均温度为 25℃，对照组 B 的平均温度为 20℃，差异显著（$P<0.05$）。’”

【DeepSeek 输出】

结果描述：“实验结果表明，实验组 A 的平均温度（25℃）显著高于对照组 B（20℃），差异具有统计学意义（P<0.05）。”

讨论建议：“这一结果可能与实验组 A 的处理条件有关，例如更高的热量输入或更优的保温措施。未来研究可进一步探讨具体机制。”

【进一步优化】如果你希望讨论更深入，可以输入：“请结合相关文献，分析实验组 A 温度升高的可能原因。”

【DeepSeek 输出】“根据文献（Chen et al.,2021），温度升高可能与材料的热传导特性有关。此外，实验组 A 的处理条件可能促进了热量的积累。”

5）图表与公式生成

学术论文中的图表和公式需要以规范的格式呈现，DeepSeek 可以帮助你快速生成图表和公式并优化。

【输入指令】“请将以下数据生成表格：‘实验组 A 的温度分别为 25℃、26℃、24℃；对照组 B 的温度分别为 20℃、21℃、19℃。’”

【DeepSeek 输出】

组别	温度 1	温度 2	温度 3
实验组 A	25℃	26℃	24℃
实验组 B	20℃	21℃	19℃

总的来说，在正文写作阶段，DeepSeek 可以帮助你：

- 规范文字表述：将日常语言转化为学术表达。
- 高效呈现数据：推荐合适的图表类型并生成可视化结果。
- 降低重复率：通过同义替换和句式调整实现文档降重。
- 优化结果讨论：结合文献支持，深入分析研究发现。

通过 AI 的辅助，你可以更高效地完成论文写作，同时提升论文的学术性和可读性。

3. 格式调整：助力论文规范化

学术论文的格式规范是评价其专业性和严谨性的重要标准。无论是标题层级、参考文献格式，还是图表编号、行距设置，都需要严格遵守期刊或学校有关论文格式的要求。然而，手动调整格式往往耗时且容易出错。借助 DeepSeek，可以快速完成格式检查与调整，确保论文格式符合规范。

1）格式检查

【输入指令】“请检查我的论文格式是否符合以下要求：1.三级标题用 1.1.1 格式；2.参考文献[1]需要补充 DOI 号；3.所有图片添加居中的‘图 1-X’编号；4.行距调整为 1.5 倍。”

【DeepSeek 输出】DeepSeek 会逐项检查论文格式，并生成详细的检查报告。例如：

检查项	状态	问题描述	修改建议
三级标题格式	不符合	第 2 章第 3 节标题为“2.3 实验设计”，未使用 1.1.1 格式	改为“2.3.1 实验设计”
参考文献[1]DOI 号	缺失	参考文献[1]未提供 DOI 号	补充 DOI 号：10.1016/.jmrt.2021.01.001
图片编号	不符合	图 1 未添加居中的“图 1-”编号	在图片下方添加“图 1-1”并居中显示
行距	不符合	当前行距为 1.0 倍	将全文行距调整为 1.5 倍

DeepSeek 还会提供相应的具体修改方法：

- 标题格式：手动修改或使用 Word 的“多级列表”功能。
- 参考文献 DOI 号：通过 Crossref 或期刊官网查找并补充。
- 图片编号：在图片下方插入文本框，输入“图 1-X”并居中。
- 行距调整：在 Word 中选择“段落”→“行距”→“1.5 倍”。

2）标题层级优化

【输入指令】“请检查我的论文标题层级是否符合以下要求：一级标题为‘第 1 章’，二级标题为‘1.1’，三级标题为‘1.1.1’。”

【DeepSeek 输出】

- 检查结果：发现第 3 章第 2 节节下标题为“1.实验方法”，不符合三级标题格式。
- 修改建议：改为“3.2.1 实验方法”。

【进一步优化】如果你希望 DeepSeek 直接调整标题格式，可以输入："请将我的论文标题层级调整为'第 1 章''1.1''1.1.1'格式。"

【DeepSeek 输出】自动调整所有标题层级，并生成修改后的文档。

3）参考文献格式调整

【输入指令】"请检查我的参考文献格式是否符合 APA 格式（第 7 版）要求。"

【DeepSeek 输出】

- 检查结果：

参考文献[1]格式为"作者,题目,期刊名,年份"，缺少卷号和页码。

参考文献[2]格式为"作者,题目,会议名,年份"，缺少 DOI 号。

- 修改建议：

参考文献[1]改为"作者,题目,期刊名,卷(期),页码,DOI 号"。

参考文献[2]改为"作者,题目,会议名,年份,DOI 号"。

【进一步优化】如果你希望 DeepSeek 直接调整参考文献格式，可以输入："请将我的参考文献格式统一调整为 APA 格式（第 7 版）。"

【DeepSeek 输出】自动调整所有参考文献格式，并生成修改后的文档。

4）图表编号与引用检查

【输入指令】"请检查我的图表编号和引用是否符合以下要求：1.图表编号为'图 1-X''表 1-X'；2.正文中引用时使用'如图 1-1 所示'。"

【DeepSeek 输出】

- 检查结果：

图 1 未添加编号，正文中引用为“如图 1 所示”。

表 1 编号为“表 1”，未使用“表 1-X”格式。

- 修改建议：

在图 1 下方添加“图 1-1”并居中显示。

将表 1 编号改为“表 1-1”。

将正文中的引用改为“如图 1-1 所示”。

【进一步优化】如果你希望 AI 直接调整图表编号和引用，可以输入：“请将我的图表编号和引用统一调整为‘图 1-X’‘表 1-X’格式。”

【DeepSeek 输出】自动调整所有图表编号和引用，并生成修改后的文档。

5）行距与段落格式检查

【输入指令】“请检查我的论文行距和段落格式是否符合以下要求：1.行距为 1.5 倍；2.段落首行缩进 2 字符。”

【DeepSeek 输出】

- 检查结果：

当前行距为 1.0 倍。

段落首行未缩进。

- 修改建议：

将全文行距调整为 1.5 倍。

将段落首行缩进 2 字符。

【进一步优化】如果你希望 DeepSeek 直接调整行距和段落格式，可以输入："请将我的论文行距调整为 1.5 倍，段落首行缩进 2 字符。"

【DeepSeek 输出】自动调整全文行距和段落格式，并生成修改后的文档。

总的来说，在格式调整阶段，DeepSeek 可以帮助你：

- 快速检查格式：逐项核对标题、参考文献、图表、行距等是否符合要求。
- 自动调整格式：根据规范自动修改标题层级、参考文献格式、图表编号等。
- 提供修改建议：详细说明如何手动调整格式，确保每一步操作准确无误。

通过 DeepSeek 的辅助，你可以高效完成论文格式调整，避免因格式问题影响论文的整体质量。

3.2.3　场景三：自媒体运营从 0 到 1

在自媒体运营中常需要创作大量的文案，文案的标题、内容脚本和页面版式是吸引用户、提升阅读体验的关键。如何快速生成爆款文案标题，创作高质量内容，并优化排版布局，是每个自媒体人都需要考虑的问题。借助 DeepSeek，你可以高效完成这些任务，从 0 到 1 打造爆款内容。

1. 爆款文案标题的诞生

1）基础版：小红书文案标题生成

【输入指令】“请生成 10 个关于‘时间管理’的小红书标题，要求：使用 Emoji 符号，包含数字量化，突出痛点解决。”

【DeepSeek 输出】

- 1 天变 48 小时！5 个时间管理秘籍让你效率翻倍！
- 3 步搞定拖延症！时间管理小白也能逆袭！
- 7 天时间管理计划！告别忙乱，轻松掌控生活！
- 10 分钟学会时间管理！学生党/上班族必备！
- 时间管理神器 TOP5！拯救你的低效人生！
- 从 0 到 1 的时间管理法！3 周见效，效率飙升！
- 时间管理≠忙到飞起！3 个技巧让你轻松又高效！
- 5 个时间管理误区！90%的人都中招了！
- 时间管理大师的秘诀！1 张表格搞定所有任务！
- 时间管理拯救计划！3 天见效，告别焦虑！

2）进阶版：抖音文案标题优化

【输入指令】“将‘Python 入门教程’改写成吸引大学生的抖音文案标题，要求：使用悬念结构，不超过 15 字，带热门话题标签。”

【DeepSeek 输出】

- Python 入门竟这么简单？3 天学会！#编程入门#大学生必备
- 不会 Python？1 个视频教会你！#Python 教程#大学生必看
- Python 从 0 到 1，你敢挑战吗？#编程小白#大学生技能
- Python 入门秘籍曝光！速来围观！#Python 学习#大学生进阶
- 3 天搞定 Python？真相来了！#编程教程#大学生必学

2. 内容创作的模板

以科普类短视频脚本为例。

【输入指令】“请根据以下要求创作一个科普类短视频脚本：

“类型：科普类短视频脚本

“主题：量子计算机原理

“要求：用‘冰箱整理食物’做类比解释量子比特；每 30 秒设置一个悬念转折；结尾引导点赞话术。”

【DeepSeek 输出】

开头（0～30 秒）：“你有没有想过，冰箱里的食物怎么整理最省空间？今天，我们就用冰箱整理食物的方法，来揭开量子计算机的神秘面纱！”

悬念转折 1（30～60 秒）：“传统计算机就像把食物一个个放进冰箱，而量子计算机却能让食物同时存在于多个位置！这是怎么做到的？”

悬念转折 2（60～90 秒）：“量子比特就像冰箱里的‘超级食物’，不仅能同时存在多个状态，还能互相‘交流’！这种神奇的能力，究竟能带来什么突破？”

结尾引导点赞（90～120 秒）：“量子计算机的未来，可能比你想象的更近！如果你也觉得量子世界奇妙无比，就点个赞吧！#量子计算机#科普知识”

3. 排版优化的技巧

以微信公众号排版优化为例。

【输入指令】“将这段文字改造成适合微信公众号的排版：每段不超过 3 行；关键句加 emoji；添加间隔符号如‘----’；重要数据用绿色字体标注。”

【DeepSeek 输出】

- 原文：

“时间管理是提升效率的关键。研究表明，合理规划时间可以让工作效率提升 40%。通过优先级排序和任务分解，你可以更好地掌控时间，减少拖延。”

- 优化后：

时间管理是提升效率的关键！

研究表明，合理规划时间可以让工作效率提升。

如何掌控时间？

通过优先级排序和任务分解，你可以更好地掌控时间，减少拖延。

行动起来！

从今天开始，试试这些方法，让你的时间更有价值！

3.3　如何用 DeepSeek 赋能

DeepSeek 开放了 API 服务，让任何人都能轻松接入其 AI 应用，提升学习和工作效率。API 是应用程序编程接口（Application Programming Interface）的英文缩写。通过 API，我们只需要给出请求，应用程序就能迅速回应，完成各种任务。无论是写作、编程，还是数据分析、学习辅导，DeepSeek API 都能派上用场。

其实，DeepSeek API 和 DeepSeek 应用的能力都来自其强大的 AI 模型，但二者在使用方式、灵活性和应用场景上有很大的不同。如果只是简单的日常使用和互动，例如，你想要改写一段文字，获取某个知识点的解释，或者是写一封邮件引语，生成文章大纲，直接在 DeepSeek 应用界面输入需求，即可获得反馈。

但 DeepSeek API 的开放，让 AI 模型的能力不再局限于聊天界面，而是可以无缝嵌入各种软件应用或自动化流程中。API 允许开发者通过代码调用 AI 模型，让 AI 成为自己应用的一部分。例如，开发者可以在代码编辑器中调用 DeepSeek API，让 AI 辅助编程、自动补全代码、优化算法；数据分析师可以将 API 接入 Excel 或数据库，让 AI 进行智能分析和预测，从而提升数据处理效率；普通用户也可以利用 API 在 Notion、Word 或其他办公软件中集成 AI，获得更智能的写作和编辑体验。

简单来说，DeepSeek 应用是“即用即走”的模式，适合没有编程经验的用户进行查询和交流，而 API 则提供了更大的灵活性，让 AI 可以深度融入各种工具和工作流程中，适合开发者、企业或有特定需求的专业用户。

3.3.1 关键步骤详解

要让 DeepSeek 更好地赋能自己的工作和学习，使用 DeepSeek 提供的 API，就需要获取其 API 访问权限。

第一步：创建专属于自己的 API key。

（1）首先打开 DeepSeek 官网，单击界面右上角的“API 开放平台”超链接（见图 1）。

图 1　DeepSeek 官网 API 访问权限获取入口

（2）进入页面后，单击左侧的“API keys”选项，然后单击“创建 API key”按钮（见图 2）。

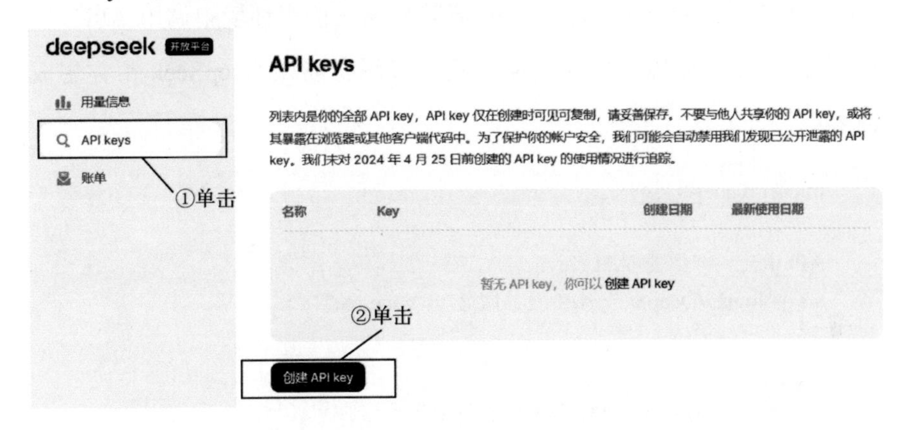

图 2　创建 API key

（3）在弹出的对话框中，输入你为 API key 取的名称，然后单击“创建”按钮。DeepSeek 会返回一串字符，即 API Key，这就是你访问 DeepSeek API 的“通行证”（见图 3）。记得及时保存 API key 到收藏夹或者文档中；如果遗失，后续是无法在 DeepSeep 官网找回的。

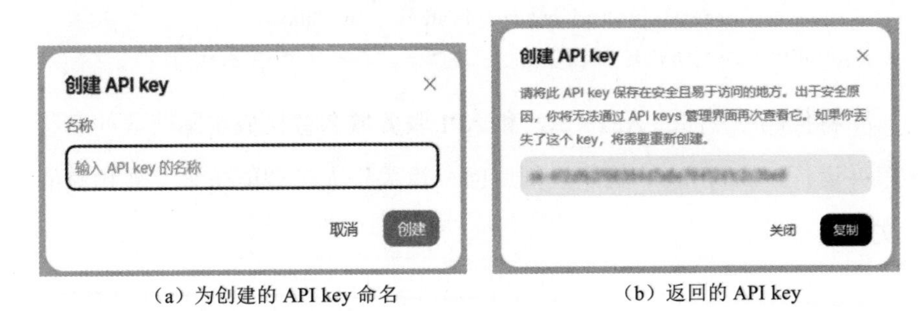

（a）为创建的 API key 命名　　（b）返回的 API key

图 3　获取 API key

第二步：调用 API。

你可以在 Python、JavaScript 或其他编程语言环境中调用 API。例如，在 Python 环境中，你只需要几行代码就能让 DeepSeek 帮你生成内容：

```
import requests

API_KEY = "你的 API Key"
url = "https://DeepSeek API 服务域名/v1/generate"

headers = {
    "Authorization": f"Bearer {API_KEY}",
    "Content-Type": "application/json"
}

data = {
    "prompt": "请帮我写一篇关于人工智能未来发展预测的文章",
    "max_tokens": 200
}

response = requests.post(url, headers=headers, json=data)
print(response.json())
```

将代码中“你的 API Key”和 API 服务域名替换成实际获取的字符串并运行，DeepSeek 就能立刻返回一篇关于人工智能未来发展预测的文章。

3.3.2 赋能实战：将 DeepSeek 接入 Word

第一步：启用宏（见图 4）。

单击 Word 功能区最左侧的“文件”选项卡；在出现的界面中，单击左下角的“选项”按钮；在弹出的“Word 选项”对话框中，单击“信任中心”选项，然后单击对话框中的“信任中心设置”按钮；在弹出的“信任中心”对话框中，单击“启用所有宏”单选按钮，然后单击“确定”按钮，完成宏的启用。

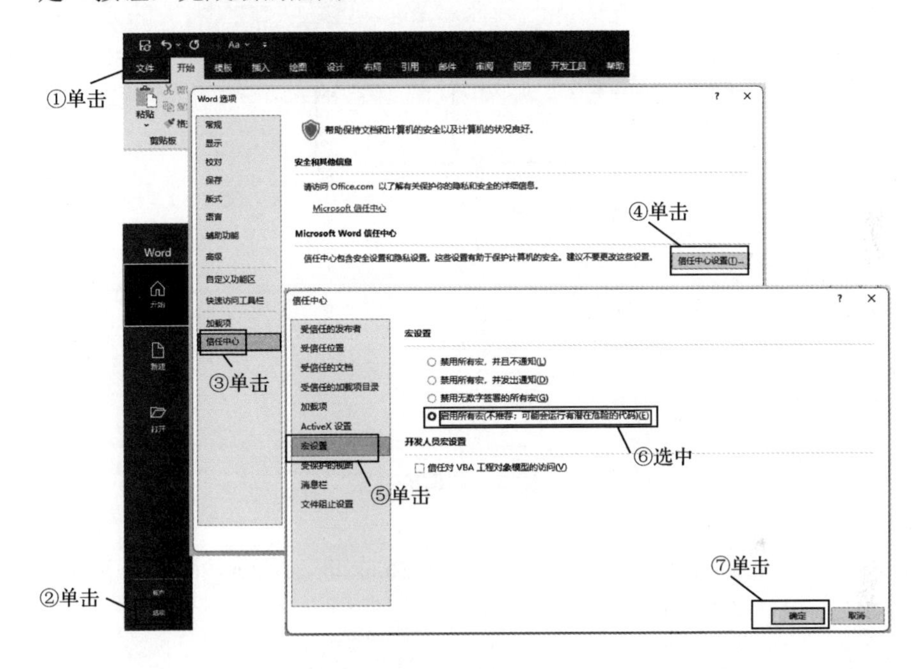

图 4　启用宏

第二步：创建宏（见图 5）。

单击功能区中的“开发工具”选项卡，然后单击“宏”按钮；在弹出的“宏”对话框中，设置宏名为“DeepSeekV3”，并设置宏位置为“Normal.dotm”，以使创建的宏在所有文档中都可用；然后单击“创建”按钮，打开 Visual Basic 编辑器，在其中输入以下代码。

这里为大家提供一个代码，供大家参考使用。该代码可实现选中 Word 中的文字后单击宏按钮，即可获得 DeepSeek 关于选中文字的回复。

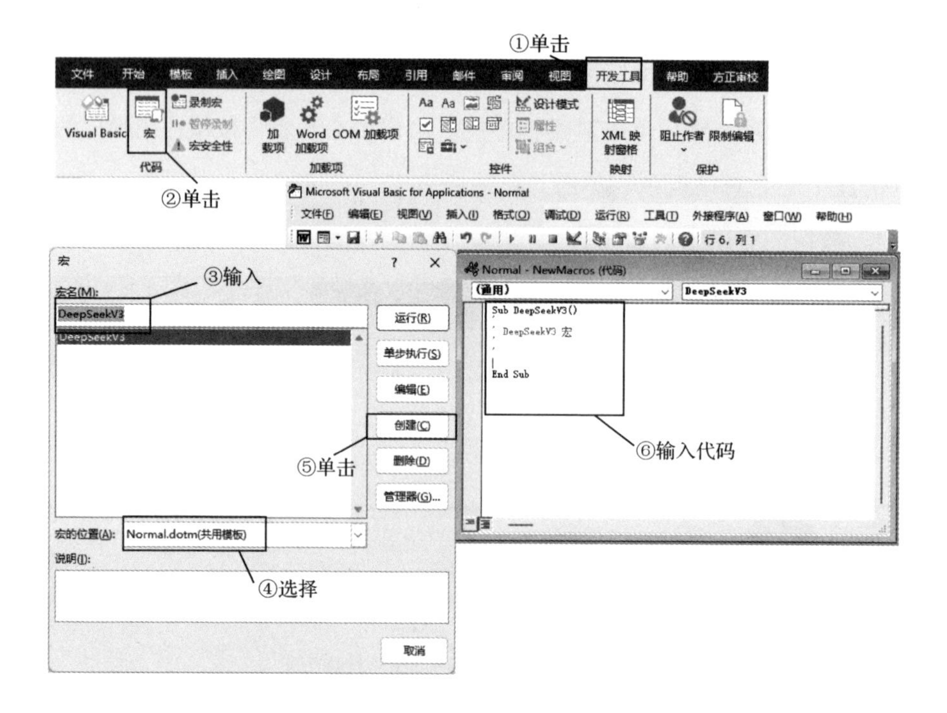

图 5　创建宏

```
Function CallDeepSeekAPI(api_key As String, inputText As String) As String
Dim API As String
Dim SendTxt As String
Dim Http As Object
Dim status_code As Integer
Dim response As String

API = "https://硅基流动 API 服务域名/v1/chat/completions"
SendTxt = "{""model"": ""deepseek-ai/DeepSeek-V3"", ""messages"": [{""role"":""system"", ""content"":""You are a Word assistant""}, {""role"":""user"", ""content"":""" & inputText & """}], ""stream"": false}"
'想用 R1 模型，就把的 deepseek-ai/DeepSeek-V3 换成 deepseek-ai/DeepSeek-R1

Set Http = CreateObject("MSXML2.XMLHTTP")
With Http
```

```
        .Open "POST", API, False
        .setRequestHeader "Content-Type", "application/json"
        .setRequestHeader "Authorization", "Bearer " & api_key
        .send SendTxt
        status_code = .Status
        response = .responseText
    End With
    If status_code = 200 Then
        CallDeepSeekAPI = response
    Else
        CallDeepSeekAPI = "Error: " & status_code & " - " & response
    End If

    Set Http = Nothing
End Function

Sub DeepSeekV3()
    Dim api_key As String
    Dim inputText As String
    Dim response As String
    Dim regex As Object
    Dim matches As Object
    Dim originalSelection As Range

    ' API Key
    api_key = "输入你的 API Key"
    If api_key = "" Then
        MsgBox "Please enter the API key.", vbExclamation
        Exit Sub
    End If

    ' 检查是否有选中文本
    If Selection.Type <> wdSelectionNormal Then
        MsgBox "Please select text.", vbExclamation
```

```
        Exit Sub
    End If

    ' 保存原始选区
    Set originalSelection = Selection.Range.Duplicate

    ' 处理特殊字符
    inputText = Selection.Text
    inputText = Replace(inputText, "\", "\\")
    inputText = Replace(inputText, vbCrLf, " ")
    inputText = Replace(inputText, vbCr, " ")
    inputText = Replace(inputText, vbLf, " ")
    inputText = Replace(inputText, """", "\""") ' 转义双引号

    ' 发送 API 请求
    response = CallDeepSeekAPI(api_key, inputText)

    ' 处理 API 响应
    If Left(response, 5) <> "Error" Then
        ' 解析 JSON
        Set regex = CreateObject("VBScript.RegExp")
        With regex
            .Global = True
            .MultiLine = True
            .IgnoreCase = False
            .Pattern = """content"":""(.*?)""" ' 匹配 JSON 的"content"字段
        End With
        Set matches = regex.Execute(response)

        If matches.Count > 0 Then
            ' 提取 API 响应的文本内容
            response = matches(0).SubMatches(0)

            ' 处理转义字符
```

```
            response = Replace(response, "\n", vbCrLf)
            response = Replace(response, "\\", "\") ' 处理 JSON 里的反斜杠
            response = Replace(response, "&", "") ' 过滤 `&`，防止意外符号

            ' 让光标移动到文档末尾，防止覆盖已有内容
            Selection.Collapse Direction:=wdCollapseEnd
            Selection.TypeParagraph
            Selection.TypeText Text:=response

            ' 将光标移回原来选中文本的末尾
            originalSelection.Select

        Else
            MsgBox "Failed to parse API response.", vbExclamation
        End If
    Else
        MsgBox response, vbCritical
    End If
End Sub
```

第三步，将宏按钮添加到功能区（见图 6）。

保存好代码后，参考第一步打开“Word 选项”对话框。单击对话框中的“自定义功能区”选项，在右侧界面中单击“开发工具”选项，然后单击“新建组”按钮；单击“从下列位置选择命令”下拉列表，选择“宏”选项；选中第二步创建的宏，单击“添加”按钮，将宏添加至“开发工具”选项卡下的新建组内；选中宏，单击“重命名”选项，将宏的显示名称修改为“DeepSeekV3”，然后依次单击各对话框中的“确定”按钮，即可将宏按钮添加到功能区。

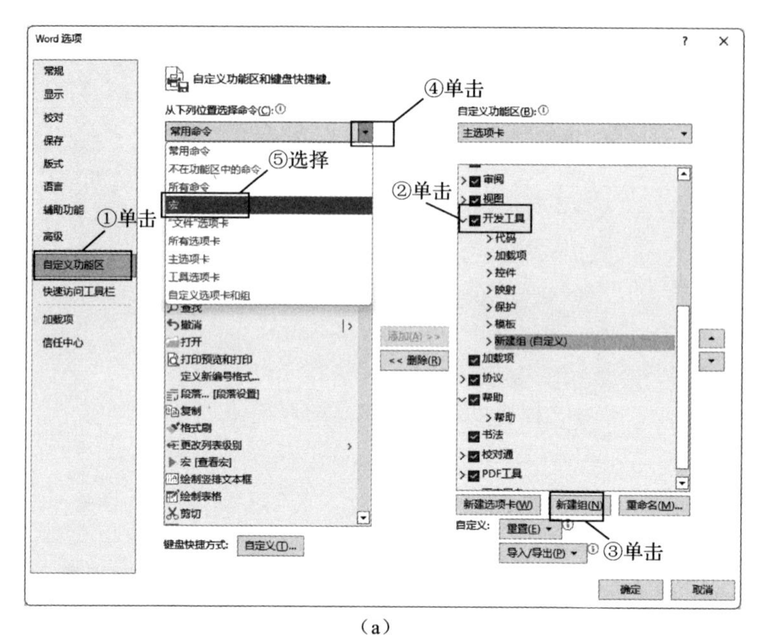

（a）

（b）

图 6　将宏按钮添加到功能区

第四步，运行宏（见图 7）。

在 Word 中输入你想要询问 DeepSeek 的问题并全选，然后单击第三步创建的宏按钮即可获得 DeepSeek 给出的回复。

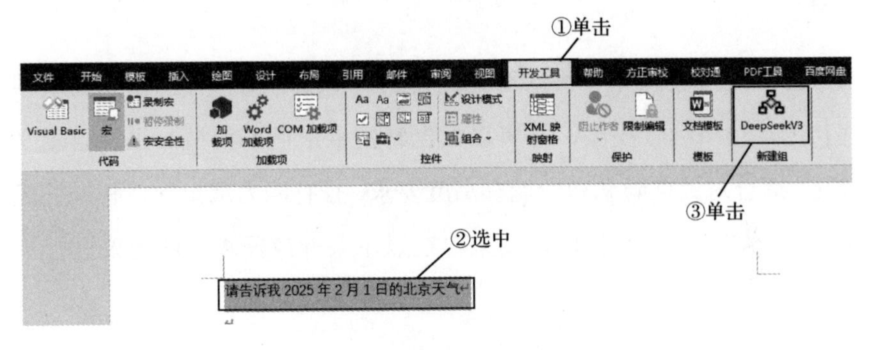

图 7　运行宏

3.4　打造专属 AI 助手

DeepSeek 最重要的贡献之一，就是模型开源。这意味着，任何人都可以用它的模型来训练自己的专属 AI 模型。简单来说，DeepSeek 相当于给大家提供了一个通用的 AI 模型，然后我们就可以在其基础上，训练出符合自己需求的“专属 AI 助手”。那么，具体该如何构建自己的专属 AI 模型呢？这就要从 DeepSeek 模型的本地部署开始，不过这对计算机配置有较高要求，建议在部署之前进行需求评估。

3.4.1　云端使用 VS 本地部署

所谓的云端使用，是指用户通过互联网访问 DeepSeek 的 App 和网页，或者通过 API 调用与 AI 模型进行交互。其中，App 和网页版适用于日常简单使用、不需要编程的场景，适合普通用户进行直观的 AI 对话和任务处理；API 适用于需要灵活性、自动化、集成其他系统或进行大规模调用的场景，适合那些需要定制化或大规模使用 AI 技术的开发者。

而本地部署意味着数据不会传输到外部服务器，可以在无互联网连接的环境下运行模型，并可以根据特定需求调整模型，进行自定义优化，适合对数据隐私和性能有高度要求，且有能力承担硬件和维护成本的用户或企业。具体地，如果存在以下条件或需求，就建议进行本地部署。

① 硬件配置较高，运算能力强，并且要有独立显卡。

② 对数据隐私要求较高，又希望借助 AI 来提升工作效率。

③ 要进行二次开发，但需要节省 API 调用费用的。

④ 要专属化定制与训练模型的。

⑤ 有 AI 专业人员，或者自己就是 AI 相关人员。

3.4.2 本地部署大模型的基本步骤

第一步，安装 Ollama。

要本地部署 DeepSeek 模型，推荐先安装 Ollama。Ollama 是一款功能强大的开源软件，可以让每一位用户都能在自己的计算机系统上轻松部署并运行开源的大语言模型。Ollama 通过将模型的权重、配置文件和所需数据集成到单一的封装包中，让用户可以轻松实现模型的本地部署，极大地优化了部署流程，同时涵盖了对 GPU 使用的精细调控。以 4-bit 量化为例，它能够将原本以 FP16 格式存储的权重参数转换为更紧凑的 4 位整数形式，这不仅显著缩减了模型的体积，也大幅降低了模型推理过程中对显存的需求，使用户在本地环境中能更轻松地使用大模型。

我们可以简单地把 Ollama 看作一个专门的大模型商城，借助 Ollama 可以极大地简化用户下载并本地运行大模型的过程。在这里，用户不仅可以快速下载 DeepSeek 模型，还可以下载包括 Llama3 等在内的多种开源模型。Ollama 支持多种操作系统，包括 Linux、Windows 及 macOS（含搭载 Apple Silicon 的设备）。

（1）在浏览器搜索栏中输入“Ollama”，并进入 Ollama 官网，然后单击页面中的“Download”按钮；在跳转后的页面中，根据自己的计算机操作系统，单击对应图标（见图 8），以下载安装包。

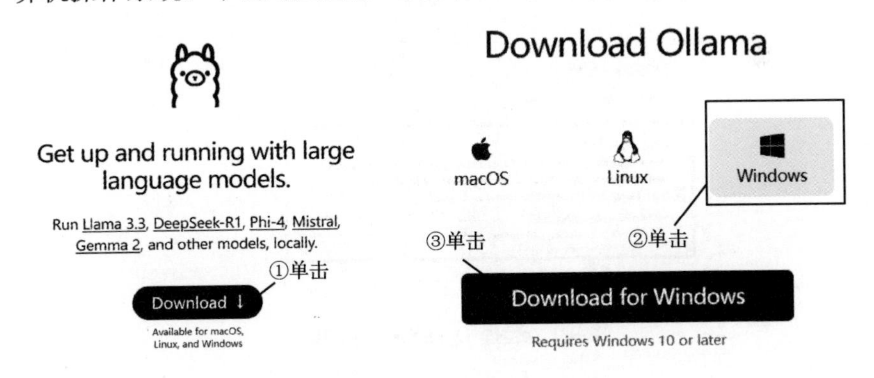

图 8　在 Ollama 官网下载 Ollama

（2）下载后按提示安装即可。如果桌面上出现了 Ollama 快捷方式图标（见图 9），就说明安装成功了。

图 9　Ollama 快捷方式图标

需要注意的是，本地部署模型默认安装在 C 盘。如果要安装在其他位置，就需要重新配置环境变量。为了省事，推荐在系统默认的 C 盘部署。

第二步，下载 DeepSeek 模型。

（1）回到 Ollama 官网，单击右上角下拉按钮，然后单击页面中的“Models”选项；在出现的模型列表中，单击选择“deepseek-r1”（见图 10）。

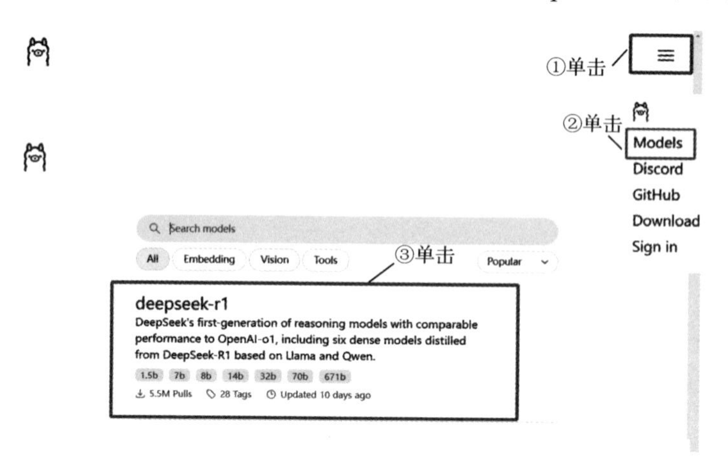

图 10　选择 DeepSeek-R1 模型

（2）根据需要选择不同的参数规模（见图 11），以获得具体版本的 DeepSeek-R1 模型的对应指令。以选择 1.5b 参数为例，复制出现的指令“ollama run deepseek-r1:1.5b”（见图 12）。

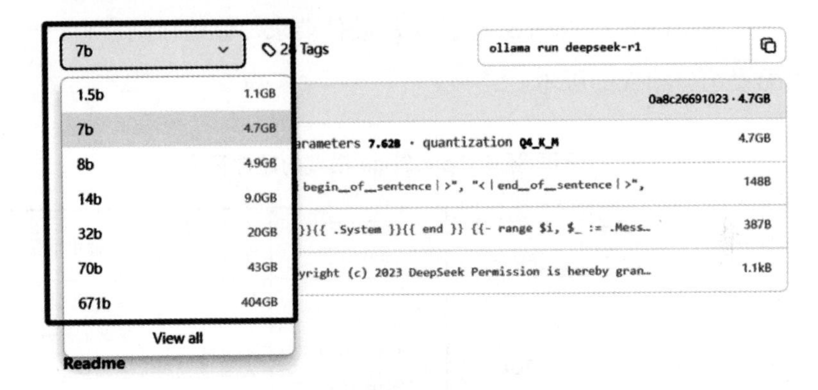

图 11　选择模型的参数规模

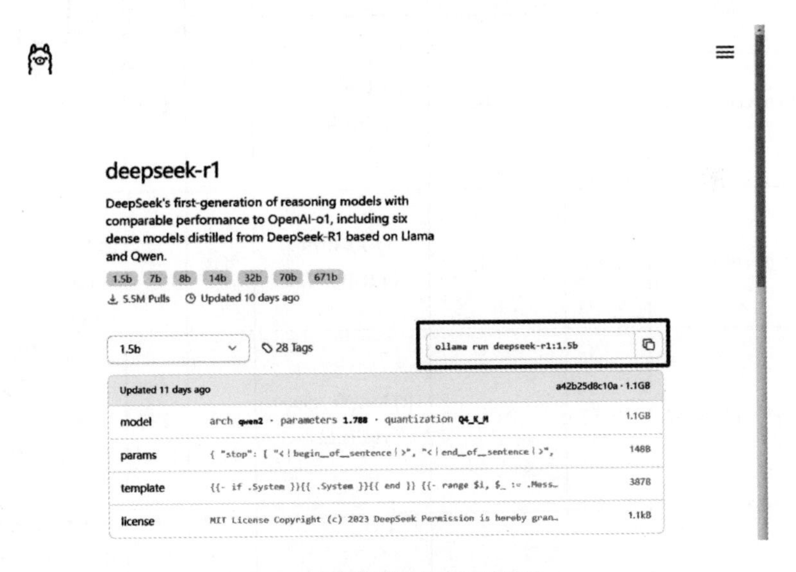

图 12　复制模型对应的指令

DeepSeek 提供了 7 种参数规模的开源模型，供用户根据自己的硬件性能和需求进行选择。列表选项中的数字越大，参数就越多，模型的性能就越强，但也就意味着对本地硬件性能的要求越高。例如，1.5b代表模型拥有15亿个参数，它只需要3GB的显存就能运行，甚至不需要独立显卡，这意味着即使你的计算机配置不高，也能轻松驾驭它。

表1是不同版本DeepSeek模型的硬件要求，你可以结合自己的计算机配置选择相应的版本。

表1　不同版本 DeepSeek 模型的硬件要求

模型版本	参数量（个）	显存需求（FP16）	推荐 GPU（单卡）	多卡支持	量化支持	适用场景
DeepSeek-R1-1.5B	15亿	3GB	GTX1650（4GB显存）	无需	支持	低资源设备部署（普通笔记本都能支持）、实时文本生成、嵌入式系统
DeepSeek-R1-7B	70亿	14GB	RTX3070/4060（8GB显存）	可选	支持	中等复杂度任务（文本摘要、翻译）、轻量级多轮对话系统
DeepSeek-R1-8B	80亿	16GB	RTX4070（12GB显存）	可选	支持	需更高精度的轻量级任务（代码生成、逻辑推理）
DeepSeek-R1-14B	140亿	32GB	RTX4090/A5000（16GB显存）	推荐	支持	企业级复杂任务（合同分析、报告生成）、长文本理解与生成
DeepSeek-R1-32B	320亿	64GB	A10040GB（24GB显存）	推荐	支持	高精度专业领域任务（医疗/法律咨询）、多模态任务预处理

续表

模型版本	参数量（个）	显存需求（FP16）	推荐 GPU（单卡）	多卡支持	量化支持	适用场景
DeepSeek-R1-70B	700 亿	140GB	2xA10080GB/4xRTX4090（多卡并行）	必需	支持	科研机构/大型企业（金融预测、大规模数据分析）、高复杂度生成任务
DeepSeek-671B	6710 亿	512GB+（单卡显存需求极高，通常需要多节点分布式训练）	8xA100/H100（服务器集群）	必需	支持	国家级/超大规模 AI 研究（气候建模、基因组分析）、通用人工智能（AGI）探索

（3）按下<Win+R>快捷键，打开“运行”窗口，在其中输入“cmd”（见图 13），然后单击“确定”按钮，打开 cmd 窗口。

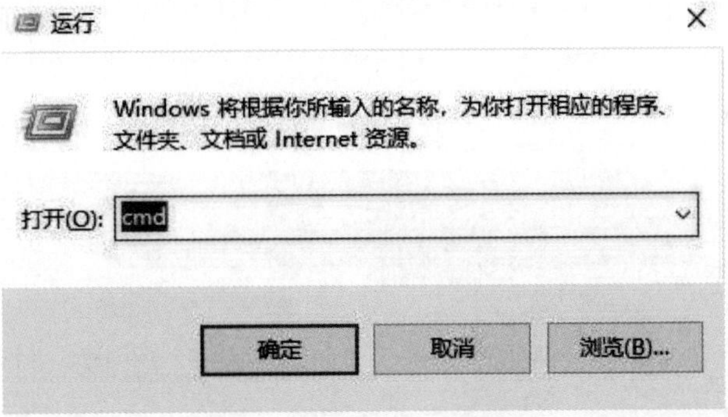

运行
Windows 将根据你所输入的名称，为你打开相应的程序、文件夹、文档或 Internet 资源。
打开(O): cmd
确定　取消　浏览(B)...

图 13　打开“运行”窗口

（4）在 cmd 窗口中输入之前复制的指令“ollama run deepseek-r1:1.5b”，然后按下<Enter>键，模型就会自动下载（见图 14）。当看到“success”字样，即代表模型成功下载。

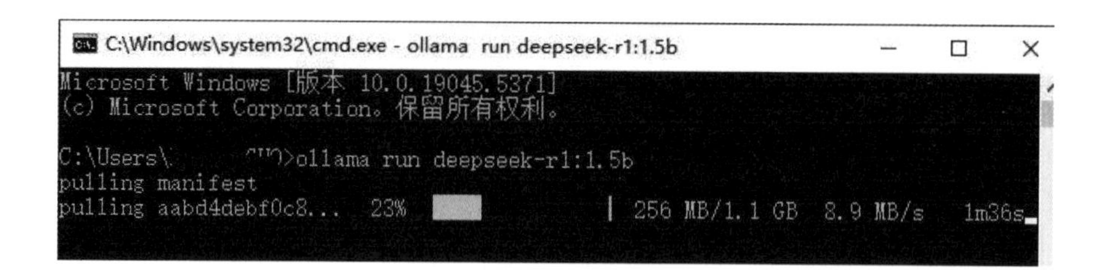

图 14　下载模型

第三步，测试本地 DeepSeek 模型。

现在，就可以在 cmd 窗口中用命令行调用模型，与模型进行对话，如图 15 所示。

到这里，DeepSeek 模型的本地部署就完成了。当然，如果要部署其他的开源大模型，也是类似的方法。但这样，我们只能通过 cmd 窗口与大模型对话，因此，还需要选择一个 UI（用户界面）应用来调用 Ollama。

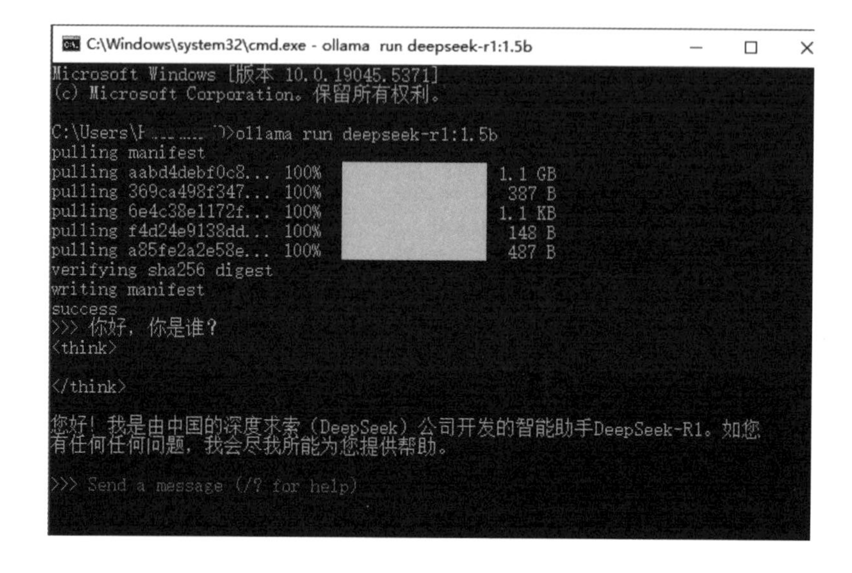

图 15　在 cmd 窗口与模型对话

第四步，安装 UI 应用。

这里推荐使用 Page Assist。Page Assist 是一款开源浏览器扩展程序，可为本地 AI 模型提供图形化的交互界面。通过 Page Assist，用户可以在网络浏览器上打开侧边栏或 Web UI，与本地 AI 模型进行对话。当前 Page Assist 支持的具体功能有：作为各类任务的侧边栏；支持视觉模型；作为本地 AI 模型的简约网页界面；支持网络搜索功能；支持与文档进行对话（支持 pdf、csv、txt、md、docx 格式）。接下来介绍 Page Assist 的安装和使用方法。

（1）打开 Windows 自带的 Edge 浏览器，搜索并访问“Chrome 应用商店”，在搜索框中输入“pageassist”（见图 16），以下载 Page Assist 插件。

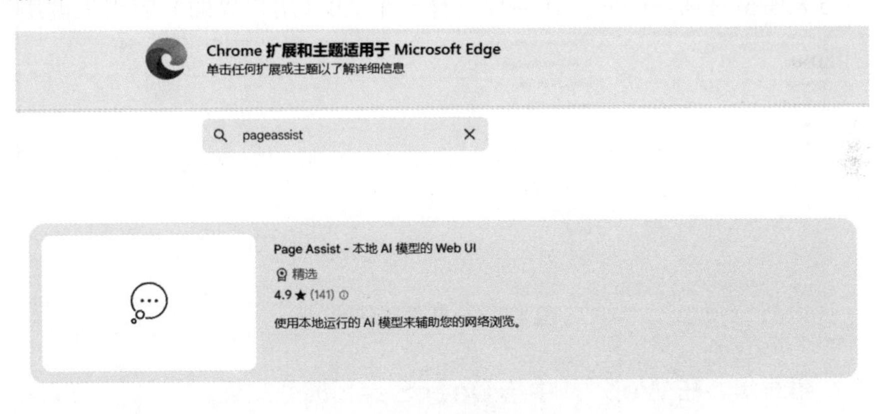

图 16　在 Chrome 应用商店获取 Page Assist 插件

（2）下载完成后，就可以在浏览区扩展中看到 Page Assist 插件（见图 17）；启动 Ollama 后，按下<ctrl+shift+L>快捷键即可打开 Web UI 页面。

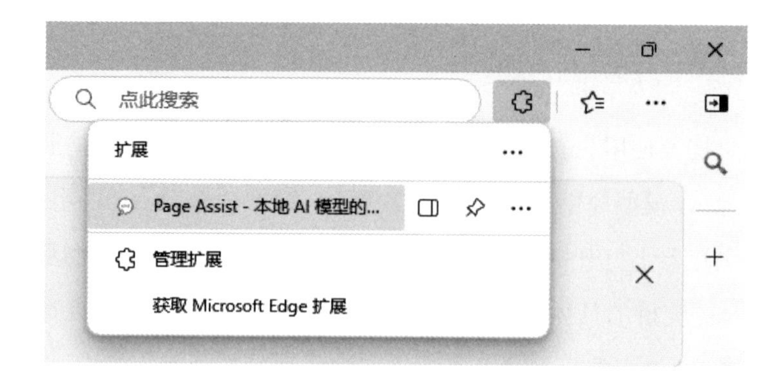

图 17　插件位置

（3）Page Assist 插件默认显示的语言是英语，因此单击页面右下角的齿轮状按钮，进入设置界面，设计语言环境为简体中文（见图 18）。

图 18　设置语言环境

第五步，在 Web UI 中与 DeepSeek 模型交互。

设置完成后，在左上角的下拉列表中选择之前安装的模型，就可以在浏览器界面中与 DeepSeek 模型对话了（见图 19）。

图 19　在 Web UI 中与 DeepSeek 模型交互

到这里，本地部署大模型的基本工作便完成了。不论是 DeepSeek 模型还是其他的开源大模型，本地部署和 UI 界面的设置都是类似的方式。

3.4.3　打造专属 AI 助手的基础知识

本地部署大模型，通常就是为了能够训练自己的专属知识库或专属模型。

既然要训练专属模型，我们就需要将自己的专有数据投喂给部署好的模型，让模型吸收我们给它准备的各种“知识大餐”，然后变得更聪明，更懂我们，进而变成我们的专属 AI 助手。这时就需要用到 RAG。

1. 什么是 RAG

随着自然语言处理（NLP）技术的快速发展，生成式语言模型（如 GPT、BART 等）在多种文本生成任务中展现了卓越的性能，尤其是在语言生成和上下文理解方面。不过，生成模型在处理事实类任务时存在一些固有的局限性。例如，由于生成模型的能力依赖固定的预训练数据，它们在回答需要最新或实时信息的问题时，可能会出现编造信息的现象，也就是常说的“机器幻觉”现象，导致生成结果不准确或缺乏事实依据。在 DeepSeek 这类轻量化模型中，机器幻觉现象尤其明显，因此对于本地部署的模型，如果不进行进一步的专属训练，就很难有效使用。

此外，生成模型在面对长尾问题和复杂推理任务时，常因缺乏特定领域的外部知识支持而表现不佳，难以提供有足够的深度和准确性的回答。

而检索模型技术，就能够在海量文档中快速找到相关信息，从而解决事实查询类问题。然而，传统检索模型（如 BM25）在面对模糊查询或跨域问题时，往往只能返回孤立的结果，无法生成连贯的自然语言回答。正是由于缺乏上下文推理能力，检索模型生成的答案通常不够连贯或完整。

为了解决这两类模型所存在的不足，检索增强生成模型（Retrieval-Augmented Generation，RAG）技术应运而生。RAG 通过结合生成模型和检索模型的优势，实时从外部知识库中获取相关信息，并将其融入生成任务中，确保生成的文本既具备上下文连贯性，又包含准确的知识。

因此，在本地部署的模型中使用 RAG 可以增强模型能力，目前主要有以下三个方面的作用：

① 减少模型在回答问题时的“机器幻觉”现象。

② 让模型的回答可以附带相关的来源和参考。

③ 消除使用元数据注释文档的需要。

简单来说，使用 RAG 技术就能在本地训练专属模型，或者说打造专属 AI 助手。

2. RAG 模型的主要构成

RAG 模型由两个主要模块构成：检索器（Retriever）与生成器（Generator）。这两个模块相互配合，确保生成的文本既包含外部知识，又具备自然流畅的语言表达。

检索器（Retriever）：检索器的主要任务是，从一个外部知识库或文档集中获取与输入的查询对象最相关的内容。在 RAG 中，常用的检索器技术包括：

- 向量检索：如 BERT，它通过将文档和查询转化为向量空间中的表示，并使用相似度计算来进行匹配。向量检索的优势在于，能够更好地捕捉语义相似性，而不仅仅是词汇匹配。
- 传统检索算法：如 BM25，主要基于词频和逆向文档频率（TF-IDF）的加权搜索模型来对文档中的关键词进行排序和检索。传统检索算法适用于处理较为简单的匹配任务，尤其是当查询对象与文档中的关键词能够直接匹配时。

RAG 中检索器的作用是，为生成器提供一个上下文背景，使生成器能够基于这些检索到的文档片段生成更为相关的回答。

生成器（Generator）：生成器负责生成最终的自然语言输出。在 RAG 中，常用的生成器包括：

- BART：BART 是一种序列到序列的生成模型，擅长文本生成任务，可以通过不同层次的噪声处理来提升生成的质量。
- GPT 系列：GPT 是一个典型的预训练语言模型，擅长生成流畅自然的文本。它通过大规模数据训练，能够生成相对准确的回答，在任务-生成任务（Task-Generation Task）中表现得尤为突出。

生成器在接收到来自检索器的文档片段后，会利用这些片段作为上下文，并结合输入的查询对象，生成相关且自然的文本回答。

3. RAG 模型的工作原理

RAG 的目的是，通过工程化手段，解决大语言模型（LLM）知识更新困难的问题。其核心手段是利用外挂于 LLM 的知识数据库（通常使用向量数据库）存储未在训练数据集中出现的新数据、领域数据等。通常而言，RAG 将知识问答分成三个阶段：

1）检索阶段

在 RAG 模型中，用户的查询首先会被转化为向量表示，随后在知识库中进行向量检索。通常，检索器会使用诸如 BERT 等预训练模型，将查询对象和文档片段转化为向量表示，并通过相似度计算（如余弦相似度）来匹配最相关的文档片段。RAG 模型的检索器不再只依赖简单的关键词匹配，而是利用语义级别的向量表示，从而在面对复杂问题或模糊查询时，能够更精准地找到相关知识。这一阶段对最终生成的回答至关重要，因为检索的效率和质量直接决定了生成器可利用的上下文信息。

2）生成阶段

生成阶段是 RAG 的核心阶段。RAG 模型的生成器，如 BART 或 GPT 等模型，会结合用户输入的查询对象和检索到的文档片段，生成更加精准且丰富的回答。与传统生成模型相比，RAG 模型的生成器不仅能够生成语言流畅的回答，还可以根据外部知识库中的实际信息提供更具事实依据的内容，从而显著提高回答的准确性。

3）多轮交互

RAG 模型在对话系统中能够有效支持多轮交互。每一轮的查询和生成结果都会作为下一轮的输入，系统通过分析和学习用户的反馈，逐步优化后续查询的上下文。通过这种循环反馈机制，RAG 能够更好地调整其检索和生成策略，使得在多轮对话中生成的回答越来越符合用户的期望。此外，多轮交互还增强了 RAG 模型在复杂对话场景中的适应性，使其能够处理跨多轮的知识整合和复杂推理任务。

通过以上三个阶段，RAG 不仅提升了生成内容的准确性，还增强了模型在复杂对话场景中的适应性和实用性。

举例来说，企业的内部手册这类资料，大模型是很难获取的。而在电子商务领域，智能客服的打造离不开商家所出售的产品的服务信息。这时，借助 RAG 技术，我们就可以将这些特定内容，投喂给本地部署的大模型，从而训练出一个专属 AI 助手。这种模型不仅能有效解决特定领域问题的“机器幻觉”现象，并且能够非常有针对性地回答问题。

以上就是我们要了解的 RAG，以及借助 RAG 构建专属 AI 模型的基础知识。简单来说，就是我们借助一种 AI 工具，把各种格式的内容和数据量化给 AI 模型，让它能看得懂。然后，AI 模型就能将这些知识提取出来，按需要进行加工处理并反馈给我们。如此，AI 模型不仅能靠自己原本的知识库回答问题，还能通过检索外部投入的数据集来增强回答的准确性和丰富性。

3.4.4　打造专属 AI 助手的基本流程

第一步，设置 RAG。

（1）参考 DeepSeek 模型的下载方法，下载 Ollama 提供的文本嵌入模型 nomic-embed-text，对应指令见图 20。该模型用于将文本转换为高维向量（嵌入向量），以便进行高效的文本检索、相似度计算和其他自然语言处理任务。

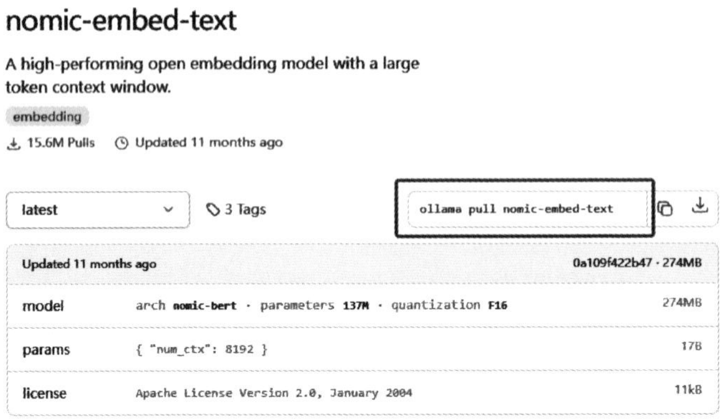

nomic-embed-text
A high-performing open embedding model with a large token context window.
embedding
15.6M Pulls　Updated 11 months ago
latest　3 Tags　ollama pull nomic-embed-text
Updated 11 months ago　0a109f422b47 · 274MB
model　arch nomic-bert · parameters 137M · quantization F16　274MB
params　{ "num_ctx": 8192 }　17B
license　Apache License Version 2.0, January 2004　11kB

图 20　获取文本嵌入模型 nomic-embed-text 的对应指令

（2）打开 Edge 浏览器，单击 Page Assit 插件，打开 Web UI；进入设置页面，单击页面左侧的“RAG 设置”选项，设置文本嵌入模型为 nomic-embed-text（见图 21）。文本嵌入模型就是能把我们上传的各种文档内容量化成 DeepSeek 模型认识的数据的工具。

图 21　设置 RAG

第二步，上传文件投喂 DeepSeek 模型。

RAG 设置好后，就可以给 DeepSeek 模型投喂数据，训练我们的专属 AI 助手。打开 Web UI；进入设置页面，单击页面左侧的“管理知识”选项，然后单击“添加新知识”按钮（见图 22）；在弹出的“添加知识”对话框中，将我们准备好的.pdf\.csv\.txt\.md 格式文件上传，并为这些文件对应的知识命名；单击“提交”按钮，当状态显示为“已完成”，就表示投喂成功完成。

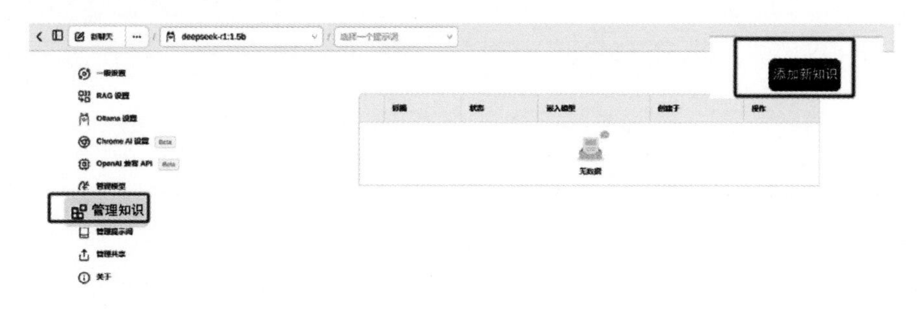

图 22　添加新知识

我们可以根据自己的需要，通过“添加新知识”进行各种知识的投喂。这样，一个本地部署的专属 AI 助手（也可以理解为专属 AI 知识库）就初步打造完成了。随着上传文件的不断增加，这个专属 AI 助手的能力也将变得越来越强。

DeepSeek 引领 AI 商业新浪潮

4.1 DeepSeek 的真正价值

DeepSeek 应用刚发布的时候，很多人的第一感觉是 DeepSeek 模型的性能非常强大，便宜又好用，但其实这只是 DeepSeek 价值的一小部分，它的真正价值，或者说真正颠覆性之处，不仅仅在于它推出了强大的 AI 模型，更在于它改变了 AI 的使用方式——DeepSeek 的开源模式，提供了一种全新的思路，使其产品不仅仅是一个大模型，而且是一个可以适配各种需求的基础 AI 解决方案。

DeepSeek 通过蒸馏技术，让大模型变得轻量化，并开放给所有人使用，使企业、个人开发者、科研机构等都能够基于其模型打造自己的专属 AI 模型。这样的模式不仅降低了 AI 的使用门槛，让定制化 AI 成为可能，而且开启了一个全新的 AI 生态，让 AI 商业化落地能够真正实现。

4.1.1 AI 定制化时代已来

在 DeepSeek 诞生之前，AI 技术的发展都是由大型科技公司主导的，它们提供封闭的 API，用户需要支付高昂的费用才能调用 AI 服务。而 DeepSeek 选择了一条完全不同的道路——开源 AI 生态，它不仅提供了一个基础模型，还允许企业和个人基于其模型进行定制化训练，打造符合自身需求的 AI 解决方案。这个模式的突破，标志着 AI 产业走向开放，也让 AI 的普及速度加快，进入了真正的行业落地阶段。

在封闭模式下，AI 更像是一个固定的 SaaS（软件即服务）产品，如 OpenAI 提供的 ChatGPT，用户只能按照它的设定来使用，无法对其进行深度调整。而 DeepSeek 提供的开源模型，则相当于一款“可自由编辑的 AI 软件”，用户可以根据自己的需求进行调整，就像在 Word 里设置模板一样，打造属于自己的 AI 助手。

对于个人开发者来说，DeepSeek 提供了一种前所未有的自由度。之前，个人开发者如果想用 AI 来优化代码编写、整理论文、分析市场，往往需要依赖第三方 API，调用次数多了，成本就会难以负担。而现在，DeepSeek 让个人开发者可以直接下载模型，实现本地部署 AI。这样不仅节省了使用成本，还让 AI 变成了一个真正属于个人的智能助手。

例如，一个数据分析师可以基于 DeepSeek 模型训练 AI，帮助自己自动处理数据报表；一个自由职业者可以训练 AI 进行市场趋势预测，提高商业决策能力。这种个性化 AI 训练的能力，让 AI 变得更加贴近用户需求。

对于企业来说，DeepSeek 的价值更加明显。过去，企业使用 AI 需要依赖科技公司的 API 服务，每年可能需要花费数十万美元甚至上百万美元才能利用 AI 进行业务优化。而 DeepSeek 让企业可以直接在本地服务器上部署 AI，减少对第三方 AI 服务的依赖，同时保障数据的安全性。

例如，一家银行可以基于 DeepSeek 模型训练自己的智能风控系统，优化贷款审批流程，而不需要把敏感的客户数据上传到外部 AI 平台。制造企业可以训练 AI 进行设备预测性维护，提高生产效率，而不需要依赖昂贵的 AI 解决方案。DeepSeek 让企业真正掌握 AI 的自主权，让 AI 成为企业自身的一部分，而不仅仅是一个外部工具。

更重要的是，DeepSeek 的开源模式突破了传统大模型的应用壁垒，形成了多层次的部署方案，适配不同规模的企业需求。对于大型企业来说，它们可以采用私有化部署方案，深度利用 DeepSeek 的开源特性进行场景定制，将 AI 完全融入自身的业务流程中，实现更精准的智能化升级。对于中小企业来说，DeepSeek 提供了 API 快速接入模式，让企业可以在低成本的前提下，快速获得 AI 赋能，提升业务效率。

这样的结果就是，各个行业的 AI 化进程大幅加快了。过去，AI 技术主要由科技行业推动，而现在，DeepSeek 让 AI 进入了医疗、金融、教育、制造、零售等传统行业，使得 AI 不再是“少数行业的专利”。每一个行业，都可以利用 DeepSeek 模型，打造属于自己的 AI 专家，可以明确地说，这种行业垂直化 AI 发展模式，很快就会成为 AI 产业的主流趋势。

DeepSeek 的开源模式，真正把 AI 变成了一种可以自由调整的生产力工具，使 AI 不再是一个封闭的黑盒系统。未来，每个行业都将拥有垂直领域的行业级 AI，每个公司都可以训练专属的企业 AI，每个人都可以打造自己的 AI 助手。这种个性化、定制化的 AI 时代，才是真正的 AI 产业成熟阶段。

可以说，DeepSeek 的出现，让 AI 真正从“通用助手”变成“行业专家”，真正走向商业市场——AI 进入真正商业化落地的新时代，终于来了。

4.1.2 从黑盒到开放，AI 生态的变革

DeepSeek 的开源模式，除了让所有用户都能自由调用模型、训练

模型，还推动了 AI 生态从封闭走向开放。

过去，因为 AI 技术都掌握在少数科技公司手中，企业和开发者如果要使用 AI，就必须依赖这些公司的 API 或封闭的解决方案。这种模式虽然提供了便捷的 AI 服务，但也让企业在使用 AI 时缺乏自主权，必须遵守供应商的规则，并持续支付高昂的费用。例如，在使用 OpenAI 的 API 时，需要按照调用次数付费，如果 API 价格上涨，企业的使用成本也会随之飙升，甚至可能面临不可承受的负担。此外，封闭式 AI 还意味着企业无法根据自己的需求来调整模型，使得 AI 无法真正满足企业个性化的业务需求。

DeepSeek 通过开源，让 AI 进入了“去中心化”时代，任何企业和开发者都可以在本地部署和训练自己的 AI，而不再受制于云端服务。这种模式彻底改变了传统 AI 依赖云计算的格局，使 AI 变得更加经济高效，也让企业拥有了对 AI 的完全控制权。例如，一家电商公司完全可以在自己的服务器上训练 DeepSeek 模型，而不必每次都调用外部 API，这样不仅能够节省应用成本，还能保证用户数据的安全性，避免数据外泄的风险。对于银行、医院、政府机构等数据敏感行业机构，DeepSeek 的本地 AI 部署模式提供了更高的安全性，使 AI 能够真正落地应用，而不必担心数据泄漏问题。

这样一来，AI 进入各个行业的门槛就被降低了，AI 也变得更加普惠。过去，只有科技巨头和少数企业能够负担得起 AI 的开发和部署费用，而现在，任何企业、初创公司，甚至个人开发者都可以基于 DeepSeek 模型来训练自己的 AI，并将其应用到实际业务中。

DeepSeek 也让 AI 在垂直行业的应用变得更加高效。传统的通用

AI 模型虽然具备强大的推理能力，但在具体行业中的表现往往不够精准，企业需要不断训练才能让 AI 适应自身的业务。而 DeepSeek 让企业可以直接在基础模型上进行微调，使 AI 更符合行业需求。医疗机构可以用自己的数据训练 AI，提高医学影像分析的准确度；金融机构可以训练 AI 进行智能风控，提高交易决策的精准度；教育机构可以训练 AI 进行个性化教学，帮助学生提升学习效率。这种行业定制化 AI 的模式，使得 AI 真正融入各行各业，推动了 AI 的广泛应用。

更重要的是，DeepSeek 的开源模式还加速了 AI 技术的创新。在封闭的 AI 生态下，AI 的优化和改进主要依赖大公司的内部研发团队，创新的方向和速度受限于少数企业的战略决策。而 DeepSeek 的开源模式，让全球开发者都可以参与到 AI 技术的优化中，每个人都可以在开源模型的基础上进行调整，提出更高效的训练方法。例如，一位开发者如果发现某种新的数据处理方式能够提高 AI 的推理效率，他就可以在开源社区分享这一方法，使整个 AI 生态都能受益。这种全球协作的自我进化能力，不仅能加快 AI 技术的发展速度，也让 AI 变得更加智能和高效。

从黑盒到开放，从封闭到共享，DeepSeek 的开源模式正在重塑 AI 生态。它不仅降低了 AI 的使用成本，提高了 AI 的灵活性，还加快了 AI 技术的创新速度，使 AI 变得更加智能和高效。随着越来越多的企业和开发者加入 AI 开源生态中，AI 技术的发展将进入一个全新的阶段，进而推动整个社会的智能化升级。未来，AI 将不再是少数公司的核心资产，而是会成为所有企业和个人都能掌握的关键能力，DeepSeek 正在为这一未来铺平道路。

4.2 轻量化 AI，突破计算资源的瓶颈

DeepSeek 模型除了开源，还有一个非常重要的特点，就是轻量化。这改变了 AI 的计算模式，让 AI 不再依赖庞大的云端算力，而是能够以更少的计算资源完成高效的训练和推理，让更多企业和开发者享受到 AI 带来的便利。

4.2.1 轻量化 AI 的必然性

近年来，AI 技术的快速发展，使得大模型竞赛进入了白热化阶段，而行业的焦点往往集中在“谁的参数更多，谁的算力更强”，似乎只有不断扩展模型规模，才能让 AI 的能力更进一步。这就带来了一个挑战：算力需求越发难以满足。当计算资源消耗过高时，AI 商业化落地的难度也会不断增加。

以 GPT-4 这样的超大规模 AI 模型为例，根据公开数据，GPT-4 的训练需要上万块高端 GPU，电力消耗和计算资源的投入更是高达上亿美元，这样的成本使得许多企业望而却步。即便是大型科技公司，也不得不面对 AI 计算成本日益攀升的问题。更重要的是，即使 AI 具备了强大的能力，如果无法高效运行，它的应用范围也会受到极大的限制。

显然，许多行业并不需要庞大的通用模型，而是需要一款能够针对特定需求高效运行的轻量化 AI。这也使 AI 商业化进入了一个两难的局面——大模型虽然能力强，但成本高昂，难以普及；而传统的小型 AI 模型又难以满足复杂的任务需求。因此，如何在保证 AI 性能的同时降低计算资源消耗，成为 AI 发展的关键挑战。

DeepSeek 通过轻量化 AI 设计，为这个问题提供了新的解决方案，使得 AI 训练和推理可以在更低的计算资源消耗下完成，大幅降低了 AI 的使用门槛，让更多企业和开发者能够享受 AI 带来的红利。当然，轻量化 AI，并不意味着性能下降，而是通过优化计算结构，提高推理效率，减少资源浪费，使得 AI 不再是“超算级”产品，而是可以嵌入各类企业日常应用中的智能工具。

DeepSeek 的轻量化 AI 主要是依靠蒸馏技术进行优化的。蒸馏技术的核心思想是通过让小型模型模仿大型模型的输出或中间特征，将大型模型的知识迁移到小型模型中，同时尽可能保留原模型的智能能力。换句话说，它就像是将一位资深专家的知识提炼成一本简明实用的指南，让普通人也能快速掌握核心内容。这一优化方式，让 DeepSeek 可以在更少的计算资源下运行 AI，而不会牺牲模型的性能。例如，一家希望在产品中加入 AI 语音助手的企业，过去可能需要租用昂贵的云服务器，而现在，他们可以直接在本地服务器或者嵌入式设备上运行基于 DeepSeek 模型训练的 AI，大幅降低 AI 部署成本。

DeepSeek 轻量化 AI 方案的成功，不仅仅是一次成本控制的胜利，更代表着 AI 发展方向的重大转变。它向整个行业展示了一种新的可能性——通过轻量化 AI 方案，让 AI 变得更加高效、可负担，并在更多行业实现广泛落地。

4.2.2　AI 计算模式的变革：从云端到本地

随着轻量化 AI 的发展，AI 的计算模式，也在经历从云端到本地的根本性变革。过去，AI 主要依赖云计算，所有的计算任务都需要在远程服务器上完成，用户的设备只负责输入和输出，核心计算过程则完全依赖云端。现在，DeepSeek 通过轻量化 AI 技术，改变了这种传统模式，使得 AI 可以在本地设备上完成推理和计算。这不仅降低了计算成本，还提升了数据安全性和响应速度。

云端 AI 的最大优势是计算能力强，可以集中处理大量任务，支撑复杂的 AI 计算需求，但这种模式也存在两个显著的问题。

第一，计算成本高昂。企业如果想要使用云端 AI 进行训练或推理，需要租用高性能 GPU 服务器，而云计算资源的价格往往十分昂贵。尤其是对于 AI 计算需求较高的行业，如智能制造、自动驾驶、医疗 AI 等，每年的云计算开销可能达到数百万美元甚至更高。第二，数据隐私和安全问题。传统的云端 AI 模式意味着所有的用户数据都必须上传到远程服务器，这为数据安全敏感的行业，如金融、医疗、政府等，带来较大的安全隐患。随着企业和用户越来越关注数据的隐私保护，如何在本地完成 AI 计算，而不依赖云端，成为 AI 落地应用的关键挑战。

DeepSeek 的轻量化 AI 就能顺利解决这些问题，它让 AI 计算可以直接在本地设备上运行，彻底改变了 AI 的计算模式。例如，在智能语音助手领域，过去的语音助手（如 Siri、Google Assistant）都需要将用户的语音数据上传到云端进行解析，然后再将答案返回到设备端，这一过程中不仅有计算延迟，还涉及数据隐私问题。而 DeepSeek 可以让语音助手的 AI 模型直接在本地设备上运行，用户的语音数据无需上传云端，就可以完成识别、分析和回答，大幅提升了响应速度，同时保护了用户隐私。

在自动驾驶领域，DeepSeek 能够让智能驾驶 AI 直接运行在车载芯片上，而不依赖云端算力。传统的自动驾驶 AI 需要不断与云端服务器通信，以获取道路信息、制定驾驶策略，但这会带来延迟，一旦车辆处于网络信号不佳的环境（如隧道、偏远山区），自动驾驶系统可能会出现反应迟缓的情况，影响驾驶安全。而 DeepSeek 的轻量化 AI 可以让自动驾驶系统在本地计算，实现更稳定、更可靠的智能驾驶体验。

在智能制造领域，工厂的智能生产优化系统过去需要将所有生产数据上传到云端，然后由 AI 进行分析，计算出最佳的生产调度方案，再返回给生产设备。而现在，DeepSeek 可以让 AI 在本地服务器或边缘设备上完成计算，生产数据无须离开工厂，就可以直接优化生产流程，提高数据安全性，同时降低计算成本。

可以说，DeepSeek 通过轻量化 AI 技术，让 AI 从“云端依赖”模式走向“本地计算”模式，这不仅降低了企业的 AI 应用成本，还提升了数据安全性，使 AI 能够在更多行业真正落地应用。从智能语音助手到自动驾驶，从智能制造到金融风控，AI 计算的本地化趋势正在加速发展，而 DeepSeek 正是这一变革的重要推动者。未来，随着更多企业开始采用轻量化 AI 方案，AI 产业将逐渐从“比拼算力”向“比拼应用价值”转变，AI 也将真正走入千行百业，成为推动产业升级和社会变革的重要力量。

4.3　下一场 AI 变革的核心

自 ChatGPT 问世以来，全球科技界就掀起了以大模型为代表的新一轮 AI 浪潮，行业内的焦点也一直围绕着大模型的规模竞赛，似乎参数量越大、数据越多、算力越强，AI 的能力就越接近通用智能。

然而，随着 AI 技术逐渐迈入实际应用阶段，行业开始意识到，大模型虽然在通用能力上表现优异，但在落地过程中却面临着巨大的挑战：高昂的算力成本、推理速度的限制，以及难以适配具体行业需求的性能缺陷。这使得 AI 技术的发展方向开始从“大而全”向“小而精”转变，小模型与行业垂直化必然会成为 AI 未来发展的关键趋势，而 DeepSeek 便是这一趋势的引领者。

4.3.1　大模型与小模型

在 AI 模型进入爆发期后，整个 AI 圈就开始遵循“大力出奇迹”的发展路径，希望通过不断扩大模型规模和参数量，让 AI 具备更强的理解和推理能力。OpenAI 的 GPT-4、谷歌的 PaLM、Meta 的 Llama 等模型，都遵循这一思路，它们拥有数百亿甚至上万亿的参数，利用海量数据进行训练，并借助超级计算集群来推理。这样的策略在技术上确实有效，造就了更强的 AI 模型，但与此同时，暴露出的瓶颈也越发明显。

最直接的是算力成本的持续攀升。训练一个顶级大模型，需要数百万乃至上亿美元的投入，并且需要数万块高端 GPU 进行并行计算。这使得 AI 技术逐渐变成一种极其昂贵的资源，只有少数科技巨头才能承担训练和维护 AI 模型的成本。对于大多数企业来说，部署 AI 仍然是一项高门槛的投入，即便是调用 OpenAI 的 API 进行推理，长期的应用成本也十分高昂。这种高昂的成本，严重限制了 AI 在更广泛行业中的落地，使得很多企业即便有 AI 需求，也难以负担 AI 的应用费用。

不仅如此，大模型虽然拥有强大的通用能力，但在实际应用中却存在“广而不精”的问题。例如，GPT-4 模型确实可以回答各种问题，但当需要它处理专业性极强的任务时，如医疗病历管理、金融风控建模，或者供应链优化，它的通用性反而成了短板。

不可否认，从 AI 产业的角度来看，GPT 的技术突破让我们看到了 AI 大规模商业化的可能，但目前，我们确实还只处于一个 AI 的应用起步阶段，或者说人类即将进入 AI 时代的一个初期阶段。而如何通过 AI 赋能当前的各种行业，进行效能的有效提升，将会是接下来 AI 产业的发展重点。

显然，行业企业真正需要的不是一个“什么都懂一点”的 AI，而是一个“专精于特定领域”的 AI。例如，一家医院需要的 AI 可能是一个精通诊疗指南、病理分析的助手，而不是一个能写诗、编故事的通用聊天机器人。同样，制造业需要的 AI 可能是一个能优化生产调度的系统，而不是一个会写代码的大模型。大模型的泛化能力，反而成了行业应用中的障碍，企业无法直接使用它们，必须额外进行适配和微调，这进一步增加了 AI 应用的成本和复杂性。

因此，AI 想要向前发展，一定不能仅局限于回答问题和生成内容，还要能在现实世界中承担更实际的任务。我们需要的，或者说 AI 产业需要的，就是借助大模型，对细分与垂直行业进行赋能与效率提升。这种研发方向才具有可预期的商业化落地价值——通过打造垂直行业的“小模型”，让 AI 能够更深入地介入人们的生活和工作，并通过自主地执行任务和计划，实现从信息到行动的重要转变，是 AI 发展的必然。

也就是说，大模型只是我们通向 AI 时代的技术基础，而发展垂直行业的小模型并利用其对生产生活进行赋能，才能使我们到达真正的 AI 时代。

4.3.2　小模型与行业垂直化

DeepSeek 之所以能够在短时间内崛起，正是因为它没有像 OpenAI 或谷歌那样，单纯地追求参数规模的扩展，而是选择了一条更加务实的道路——在保证 AI 推理能力的基础上，优化计算效率，并让 AI 技术更容易适配具体行业的需求。这种策略的核心，在于不再依赖超大规模的模型，而是采用轻量化的小模型，针对不同行业提供垂直化的 AI 解决方案。

这意味着，AI 技术的发展重心将从“打造一个无所不能的通用 AI”转变为“在不同领域培养 AI 专家”，让 AI 成为各个行业的智能助手，而不是一个单一的超级大脑。

在过去，AI 的落地往往受到算力的限制，企业如果想要部署 AI 解决方案，就必须依赖云端的 API 调用，来获取如 OpenAI 的 GPT-4 或谷歌的 Gemini 服务。然而，这种模式带来了两个关键问题。

第一，AI 的应用成本很高，企业每次调用 AI 模型都需要支付昂贵的 API 费用，长期来看并不具备可持续性；第二，通用大模型虽然在语言理解上表现优秀，但由于缺乏针对性优化，在实际行业应用中往往难以满足精准度、可靠性和数据隐私等要求。

这些问题促使 AI 技术的发展方向开始发生转变，市场的关注点从“如何获得更强的算力”，转变为“如何通过优化算法和架构，让 AI 在有限的算力下实现最优表现”，并且更加注重行业应用的可行性。

DeepSeek 正是在这样的背景下提出了自己的技术路线。它不再依赖大模型的参数堆砌，而是采用了“小模型+行业垂直化”的策略，让 AI 在不同场景中发挥更精准的作用。例如，在金融行业，DeepSeek 可以针对银行的风控需求，开发专门的风控 AI，使其能够精准识别高风险贷款客户，而不是依赖通用大模型进行分析。在医疗领域，DeepSeek 可以优化 AI 模型，使其在医学影像分析、病历管理、个性化治疗方案推荐等方面发挥更高效的作用，而不只是让 AI 作为一个简单的文本生成工具。这种“行业 AI 专家”的模式，让 AI 在不同领域中的应用更加精准，真正发挥赋能行业的作用。

更重要的是，DeepSeek 采用的小模型策略，使得 AI 具备更高的可用性和可扩展性。相比于通用大模型，小模型的计算需求更低，企业可以直接在本地服务器上运行 AI，而不必依赖昂贵的云端算力。这不仅减少了企业对外部 AI 服务商的依赖，也让 AI 变得更加灵活可控。

许多行业，包括制造、法律、教育等行业，都有着非常特殊的需求，如果使用通用大模型，往往需要进行大量的微调和适配，而 DeepSeek 通过“小模型+行业垂直化”的方式，让 AI 变得更加贴近实际业务场景。企业也不再需要花费巨资租用头部 AI 企业的 API，而是可以拥有自己的 AI 专家，使其真正成为企业日常运营的一分子。

这种“AI 专家化”的模式，实际上与过去十年科技行业的发展趋势是一致的。在移动互联网时代，最初智能手机的功能和设计是通用的，但后来，随着用户需求的多样化，市场上开始出现游戏手机、摄影手机、商务手机等不同的细分类型。同样，在 AI 时代，最初的 AI 模型是通用的，但随着 AI 在各个行业的深入应用，不同领域开始需要专属的

AI 解决方案，而这正是 DeepSeek 试图引领的方向。DeepSeek 通过构建一个高效的小模型生态，使得 AI 不再是一种昂贵的通用工具，而是能够精准服务各个行业的智能助手。

小模型的另一个优势在于其高效的推理能力。超大模型虽然在测试中表现优越，但在实际应用时，由于计算量巨大，推理速度往往较慢，而 DeepSeek 采用的轻量化 AI 解决方案，使得模型的推理速度更快，并且可以在边缘设备或本地服务器上运行，大大提升了 AI 在实际业务中的使用体验。这对实时性要求高的行业尤为重要，如在金融交易、智能制造、物流调度等领域，企业需要 AI 在毫秒级别内做出决策，而如果 AI 依赖云端算力，可能会因为网络延迟或算力不足，导致业务效率下降。DeepSeek 提供的“小模型+本地部署”方案，就解决了这一问题。

AI 产业的未来，将不再是单纯的大模型竞赛，而是 AI 在行业垂直化应用上的深入发展。DeepSeek 用自己的创新，向世界证明了“大模型不是唯一的答案”，在行业应用落地的过程中，小模型和垂直 AI 解决方案，可能才是真正的解决之道。

DeepSeek 的成功，预示着 AI 产业将迎来一场新的变革，市场将逐步从“大而通用”的 AI 时代，迈向“小而精准”的 AI 时代，每个行业都将迎来属于自己的 AI 解决方案，AI 也会真正成为提升全球生产力的核心动力。

4.3.3　抓住 AI 的红利

随着 DeepSeek 赋能各行各业，商业市场也将经历一场前所未有的变革。过去，企业的竞争力更多取决于资金、资源和市场规模，而未来，谁能率先掌握AI并将其深度融入业务，谁就能在新一轮商业竞争中占据先机。当AI变得低成本、高效率，并且可以自由定制时，它不仅会改变企业的运作模式，还将重塑整个商业版图，催生出一批新的商业巨头。

例如，在法律行业，传统上，律所的核心竞争力来自经验丰富的律师团队，但未来，最具竞争力的律所，可能不再是精英律师数量最多的，而是拥有最强AI法律助手的律所。AI可以高效处理法律文书，进行合同审查、诉讼案件分析，甚至可以基于历史判例为律师提供策略建议。如果一家律所能够优先基于DeepSeek训练出更优质的“AI律师”，那么它的业务处理效率将远超传统律所，不仅能降低运营成本，还能吸引更多客户。而那些未能跟上AI变革的律所，可能会逐渐被市场淘汰。

在零售行业，过去，电商平台的核心竞争力主要来自流量获取能力，但在AI时代，最成功的电商平台，可能不再是流量最多的平台，而是AI推荐系统最精准的平台。AI购物助手的推荐精准度将直接影响用户的购买决策，其可以基于用户的浏览记录、购买历史、社交媒体兴趣点等多维度数据，实时推荐最符合用户需求的商品。如果哪个平台的AI推荐系统能够比竞争对手的更精准，用户的转化率就会更高，从而形成巨大的市场竞争力。未来的AI购物助手可能不仅是一个商品推荐工具，而是可以根据用户需求，自动匹配最优的价格、最好的物流方案，甚至预测用户未来可能需要的商品，从而打造一个真正智能化的购物体验。

这种AI赋能的新商业模式，不只会提高现有企业的效率，而且会催生全新的行业领军者。可以预见，AI时代的新巨头，可能不再是传统行业的老牌企业，而是那些最早拥抱 AI 并能将其完美融入业务的新兴公司。过去，市场的霸主往往是那些掌握供应链和资本优势的大公司，而未来，市场的领导者将是那些拥有最强 AI 解决方案、最智能数据系统的公司。DeepSeek 作为低成本 AI 解决方案的提供者，正站在这一变革的最前沿，它的轻量化 AI 和定制化 AI 训练能力，使得企业可以更低成本地构建自己的 AI 体系。这不仅让 AI 变得更加普及，还让所有行业都可以更加智能化，从而推动一场前所未有的商业革命。

AI 不是简单的工具，而正在成为商业世界的核心驱动力。那些率先采用 AI 的企业，将会比竞争对手更快、更精准地满足客户需求，并降低成本，提高服务质量。AI 时代，新的商业巨头正在崛起，谁能真正抓住 AI 的红利，谁就将成为行业的下一个领军者。

DeepSeek 时代行业新图景

5.1 DeepSeek 在医疗

AI 浪潮正在席卷各行各业，医疗行业无疑是其中最具变革性的应用场景之一。尽管 AI 在医学影像分析、疾病预测、个性化治疗等领域的应用正在改变医疗行业的运作方式，但许多医疗机构在引入 AI 时仍然面临一系列挑战，如高昂的计算成本、数据隐私问题及模型适配性问题。

面对这些挑战，DeepSeek 通过开源和定制化训练，提供了一种全新的解决方案，让医院和医生能够以更低的成本、更高的效率，将 AI 深度融入医疗体系，实现真正的医疗革命。

5.1.1 定制化训练医疗 AI

医疗 AI 的成功应用，离不开精准的数据和专业的模型训练。

问题在于，不同的医院、科室和疾病类型，对 AI 诊断的需求也各不相同。例如，放射科医生希望应用 AI 进行医学影像分析，辅助发现肺结节、肿瘤等早期的病变；心血管科医生关注 AI 在心脏病风险预测方面的应用，以便更精准地制定治疗方案。传统的通用 AI 模型，虽然具备一定的医学知识，但往往难以精准匹配医疗机构的实际需求。而通过 DeepSeek 的开源模型，医疗机构将能基于自身的数据和需求进行专属 AI 训练，从而打造更加精准的医疗 AI 解决方案。

北京儿童医院推行的“AI 儿科医生+多学科专家”双医并行模式，就是定制化 AI 在医疗行业的典型案例。这款专家型 AI 儿科医生是由医院联合科技公司研发的人工智能系统，依托北京市重点实验室，整合了北京儿童医院 300 多位知名儿科专家的临床经验和数十年的高质量病历数据，专门用于辅助医生诊断儿童疑难病症。同时，这款专家型 AI 儿科医生还能帮助医生快速获取最新的科研成果和权威指南，提高临床决策的效率。

目前，这款专家型 AI 儿科医生已经投入试用，并参与了对一名 8 岁男孩的会诊。这名男孩持续三周抽动，发现颅底肿物，因病情复杂辗转多地医院，诊疗结果不一。在会诊中，AI 儿科医生与来自耳鼻咽喉头颈外科、肿瘤外科等不同科室的 13 位知名专家给出了高度吻合的建议。这就让我们看到，AI 不再是一个简单的信息查询工具，而是能够参与临床诊疗的智能助手。

这一案例也证明了，AI 在医疗领域的应用不再仅依赖通用大模型，还需要根据不同科室和不同疾病类型进行针对性的训练。因此，未来，想要在医疗领域进行 AI 的深度应用，必须先基于大模型，再基于医院自身的患者数据和医疗记录，对 AI 进行定制化微调。例如，一家儿童医院可以训练 AI 针对儿童罕见病进行智能分析，而肿瘤专科医院可以专注癌症筛查 AI 的训练。

在这种情况下，DeepSeek 的开源及支持本地部署与训练就非常重要。相比传统的封闭式 AI 解决方案，DeepSeek 允许医院在开源模型的基础上，只要配置相应的硬件，就能进行本地部署及本地训练。这就意味着医院可以完全掌控自己的训练数据，也可根据医院自身的优势进行个性化的“私人”定制，使 AI 能够更好地适应本地患者的特征，并且让 AI 医生成为一名专业医生，从而提高诊断的精准度，实现应用落地。

这种定制化的 AI 训练模式，还可以在医学影像分析中发挥重要作用。例如，在肺癌早期筛查方面，AI 可以通过学习成千上万张 CT 影像数据，提高对肺结节的识别能力。不过，传统的医疗 AI 解决方案往往基于欧美患者的数据，对亚洲人群的适配度不高，可能会导致误诊或漏诊。而 DeepSeek 可让医院使用本地数据进行定制化微调，使 AI 能够精准地适应本地患者的特征，提高筛查准确率。此外，医院还可以持续更新数据，让 AI 学习最新的临床案例，不断优化自身的诊断能力，而不必受制于固定的模型版本。

不仅是医学影像分析，疾病预测和个性化治疗也是医疗 AI 研究的重要方向。医院可以基于 DeepSeek 模型训练 AI 进行慢性病管理，如预测糖尿病患者的并发症风险、优化癌症患者的治疗方案，甚至进行个性化的药物推荐。AI 可以基于患者的基因数据、病史和实时健康指标，为医生提供个性化治疗建议。北京鹰瞳科技发展股份有限公司研发并升级的万语医疗大模型接入 DeepSeek 后，数据挖掘能力提升 30%，能生成个性化的近视防控方案。这种精准化医疗模式，使 AI 不再是一个“标准化助手”，而是能够根据医院的实际情况灵活调整的“智能医疗专家”，真正提升医疗服务的精准度和效率。

5.1.2　本地化医疗 AI 的优势

在医疗行业，数据隐私和安全性至关重要。患者的病历、影像数据、诊疗记录等信息均涉及个人隐私，如果这些信息被泄露，不仅会对患者造成难以控制的伤害，也会给医院带来法律和道德上的压力。同时，不同的医疗机构有各自积累的临床经验和科研经验，这些数据也是医疗机构的核心竞争力。因此，医疗机构在引入 AI 时，信息安全、数据安全，个性化、本地化、专属化的 AI 训练与应用，就成为关键的因素。

传统的AI解决方案往往依赖云计算，以及第三方的中心化大模型，医院需要将患者数据上传到外部服务器进行AI训练和推理。这种模式虽然在算力上具有优势，但也带来了数据隐私、安全合规和长期运营成本的问题。

数据隐私和安全合规是医疗行业最严格的要求，在全球范围内，医疗数据的使用受到多个法规的监管，如欧洲的《通用数据保护条例》（General Data Protection Regulation，GDPR）和美国的《健康保险可携性和责任法案》（Health Insurance Portability and Accountability，HIPAA），都对医疗数据的存储、传输和处理方式提出了极高的安全标准。在这些法规下，医疗机构在处理患者数据时，必须确保数据不会被滥用，不会未经授权就存储在第三方平台上，并且患者有权随时管理和撤回自己的健康数据。这就导致许多医疗机构虽然看到了AI的潜力，但仍然因为数据隐私问题而担忧AI解决方案会增加数据泄露的风险。

DeepSeek通过本地化AI部署解决了这一核心痛点，使医院能够在自己的服务器上运行AI，所有的病历、影像数据和诊疗记录都可以在医院内部用于AI训练和推理，而不必上传到外部服务器。这种模式不仅能有效保护患者的隐私，还能让医院完全掌控AI的使用，自主决定AI训练的规则、数据存储策略和访问权限；既提升了医疗智能化水平，又避免了数据合规性问题，使AI在医疗行业的应用更加广泛。

除数据隐私和安全合规外，本地部署还极大降低了医院的AI运营成本。传统的AI解决方案，如OpenAI的API调用模式，通常采用“按调用次数付费”的方式，医院在每次使用AI进行诊断时，都需要支付费用。对于大型医院来说，每天可能有成千上万名患者的数据需要分析，每年 API 的使用成本可能高达数百万美元。这对于医疗机构来说，是一个巨大的经济负担，尤其是资金有限的中小型医院和基层医疗机构根本无力承担。

在这样的情况下，DeepSeek 提供的解决方案就显得经济高效。医疗机构可以通过使用 DeepSeek 模型，直接在自己的硬件设备上运行 AI 诊断系统，而不是依赖外部云端 API 进行推理。这种方式避免了持续支付高昂的 API 费用，使 AI 成为一个长期可持续的医疗工具，而不是一个昂贵的订阅服务。

2025 年 2 月 16 日，湖南省人民医院成功完成国产人工智能平台 DeepSeek 的本地部署，并实现与医院 OA（办公自动化）系统的深度融合。其中，DeepSeek 模型基于医院实际需求进行了个性化定制，实现了从硬件到软件的全链条自主可控。这一私有化部署，不仅确保了患者数据与医疗信息的安全性，还大幅加快了系统响应速度。

目前，湖南省人民医院可通过该系统智能化处理行政审批、排班管理、文件流转等日常事务，医务人员可以通过院内 4000 余台终端登录统一入口，获得 AI 生成的文档辅助、智能问答、数据分析等服务，显著提升了工作效率。该系统采用完全本地化的运行模式，使用国产化算力底座与多重加密技术，确保敏感医疗数据“不出院、不泄露”，所有数据处理均在医院内部服务器中完成，严格保障患者隐私与医疗数据安全。系统通过多重加密与权限分级管理，确保敏感信息仅在授权范围内流转。对于医院来说，DeepSeek 的本地部署既是一次技术升级，也是一次医疗服务模式的革新，还是科技服务医疗的具体实践。

此外，DeepSeek 的轻量化模型，大幅降低了本地化 AI 部署对硬件的要求。传统的 AI 训练和推理往往需要昂贵的 GPU 集群，这意味着医院必须投入大量资金购买算力设备，甚至需要专门的机房存放这些高性能计算服务器。对于资源有限的中小型医院来说，这种成本投入是不可承受的。但 DeepSeek 通过模型优化，使 AI 诊断系统能够在相对普通的服务器上运行，从而在不需要昂贵的算力设备的情况下就实现高效的智能诊断。这种轻量化的 AI 部署模式，使 AI 技术可以进入更多的基层医疗机构，为更多的患者提供智能医疗服务。

这对基层医疗机构而言特别重要，基层医疗机构通常缺乏足够的专业医生，尤其是在偏远地区，常常需要远程会诊来获得专家意见。而 DeepSeek 让基层医疗机构可以在本地运行 AI 诊断系统，辅助医生进行疾病筛查，提高诊断准确率。例如，在农村地区的卫生院，AI 可以帮助医生判断患者是否需要转诊至更高级别的医院，从而减少误诊和误判，提高医疗效率。

5.1.3 医疗生态的重塑

本地化 AI 部署不仅适用于医疗机构，也适用于医疗相关行业。从医药研发到医疗保险，再到个人健康管理，DeepSeek 有望重塑医疗生态的每个环节。

例如，在医药研发领域，一直以来，新药研发耗资巨大、周期漫长。传统制药公司在开发新药时，需要经历从靶点发现、分子筛选到临床试验等多个环节，而每个环节都充满了不确定性。平均来说，一款新药从实验室到上市需要 10～15 年，研发成本往往高达数十亿美元。而 AI 技术的加入，可帮助制药企业加速这一过程，降低研发成本，提高成功率。

在制药行业，AI 主要用于药物筛选和优化。DeepSeek 的本地化 AI 解决方案，使制药公司可以在自己的服务器上运行 AI、训练和微调模型，以适应自身的研发需求。AI 在新药研发中的应用不仅是数据分析，还可以预测药物的作用机制和副作用。传统的药物测试需要通过大量的动物实验和临床试验来确定药物的安全性，而 AI 通过模拟计算，可以提前预测某种化合物对人体的影响，缩短实验周期，提高新药成功率。尤其是在癌症药物的研发中，AI 可以结合基因数据和病理数据，帮助研究人员发现新的靶向治疗方案，推动个性化医学的发展。

恒瑞医药在企业内部发布了一份关于在公司内部全面开展 DeepSeek 应用的通知，甚至成立了专项工作小组，推动 DeepSeek 模型在药物研发、临床诊断等领域的落地。医渡科技研发的算法引擎 YiduCore 在接入 DeepSeek 后，处理的医疗记录增至 55 亿份以上，覆盖 2800 家医院，有效打通了药物研发与临床应用之间的壁垒，加速了药物研发进程。

医疗保险行业同样是 AI 变革的重要领域。传统的保险公司在制定健康保险方案时，主要依赖过去的统计数据和精算模型，而 AI 的加入，使保险行业进入精准健康管理的新时代。

经 DeepSeek 赋能的本地化 AI，可以帮助保险公司进行客户健康风险评估，优化保险产品设计，提高保险理赔的精准度。例如，保险公司可以使用 AI 分析投保人的健康数据、基因信息、生活方式，预测他们发生重大疾病的概率，从而制定个性化的保险方案。这种模式可以让健康状况良好的客户获得更低的保费，同时帮助高风险人群提前进行健康干预，减少医疗支出。

此外，在保险理赔方面，AI 也能大幅提升效率。传统的健康保险理赔流程较为复杂，保险公司需要审核大量的病历、医疗发票和诊疗记录，这就导致理赔周期较长。而 AI 可以通过自然语言处理技术，自动审核医疗文档，提高理赔的自动化程度，减少人为干预，降低欺诈风险。DeepSeek 可以让保险公司本地部署智能理赔系统，所有的客户数据都在公司内部存储和训练，降低数据外泄的风险，同时提升整体运营效率。

东软“领智”平台已在多地医保局落地，通过实时分析诊疗数据，识别异常结算行为，预计每年可减少医保基金浪费超百亿元。商业保险端同样受益，微脉的健康管理智能应用 CareAI 系统集成 DeepSeek 后，可基于患者历史数据动态定价，推动带病体可保产品创新，为保险行业的可持续发展提供新的思路。

可以看到，AI 在医疗行业的应用，正在从单纯的疾病诊断扩展到整个医疗生态系统。通过基于 DeepSeek 模型的本地化 AI 部署，临床诊疗、药物研发、医疗保险、个人健康管理等各个领域都能利用 AI 进行个性化优化，提高效率，降低成本，提升数据安全性。

可以说，DeepSeek 让 AI 不再只是一个封闭的医疗工具，而是一个开放、可定制、可落地的智能系统，并推动医疗行业真正迈入智能化时代。

5.2 DeepSeek 在金融

金融行业一直是 AI 技术应用最活跃的领域之一。从智能投顾到金融风控，再到市场分析和风险管理，AI 已经成为金融行业不可或缺的技术工具。但是，传统的金融 AI 解决方案往往存在投入高、周期长的问题，银行、证券公司、基金管理机构在引入 AI 解决方案时，往往依赖昂贵的云计算资源，且受制于封闭的第三方 AI 模型，导致成本高企，数据隐私难以保障，系统灵活性受限。

今天，DeepSeek 的本地化 AI 解决方案正在改变这一现状，它不仅能让金融机构自主部署 AI，提升数据安全性，还能让 AI 在金融分析、风控管理、欺诈检测等领域发挥更大的作用，提升交易决策的精准度和金融服务效率。

5.2.1 银行业：提升合同审核与资产对账效率

银行业在数字化转型的过程中，面临大量的合同审核、资产对账和合规管理需求。由于银行业务的复杂性，每天都会产生海量的金融合同、客户交易记录和资产管理数据，传统的处理方式往往依赖大量的人工审核，不仅成本高昂，而且效率较低，容易出现人为错误。

过去，银行需要由合规团队逐条审查合同条款，识别其中的法律风险，而在资产管理和托管业务中，人工对账的方式更是耗时费力。如果出现错误，就可能导致合规问题、资产估值偏差甚至金融风险，影响银行的稳定运营。

而通过本地部署 DeepSeek 模型，银行能实现智能化的合同审核和资产对账，极大提升运营效率和合规管理能力。例如，江苏金融业联合会金融科技专业委员会主办的“江苏金融科技”微信公众号表示，江苏银行依托“智慧小苏”大语言模型服务平台，已经成功本地部署微调 DeepSeek-VL2 多模态模型、轻量 DeepSeek-R1 推理模型，并分别运用于智能合同审核和自动化估值对账场景，通过对海量金融数据的挖掘与分析，重塑金融服务模式。DeepSeek 模型具备强大的自然语言理解能力，能够自动读取合同文本，识别合同中的关键条款，并对比监管要求，判断其中是否存在潜在的法律风险。例如，DeepSeek 模型可以检测合同是否包含不符合金融监管要求的条款，或者发现合同在法律责任归属、利率计算等方面的漏洞，提醒合规团队进行调整，防范潜在的法律纠纷。这种 AI 赋能的审核模式，大幅减少了人工干预的需求，使银行的合规审核流程更加高效精准。除江苏银行外，北京银行、苏商银行等多家银行也成功部署了本地 DeepSeek 模型。

在资产托管和对账方面，DeepSeek 模型也展现了强大的数据处理能力。银行的资产托管业务涉及大量的账户对账、交易数据匹配和异常检测，传统方式依赖人工核对，难以应对海量数据带来的挑战。DeepSeek 模型通过机器学习算法，智能匹配对账数据，发现其中的异常情况。例如，当某个交易记录与账面资产存在差异时，DeepSeek 模型能够迅速识别并提示风险，同时提供纠正建议。这种智能化的资产对账方式，不仅减少了人为错误，还提升了银行整体的资金管理能力，提高了资产估值的准确性。

AI 在银行业的应用，不仅提升了运营效率，还在合规管理方面发挥了重要作用。当前，金融行业的监管要求越来越严格，银行需要确保所有的业务操作符合监管标准，而 AI 能够实时监测合规情况，减少违规风险。例如，在贷款审批过程中，AI 可以自动分析客户的贷款合同，判断其中是否存在不合理条款，避免银行因合规问题遭受处罚。此外，AI 还可以用于自动生成合规报告，减少银行在审计和监管应对上的工作量，提高金融合规的自动化程度。

更重要的是，DeepSeek 能够实现本地部署，而传统的 AI 解决方案大多依赖云计算，银行需要将合同、交易数据上传到云端进行 AI 处理，这可能带来数据安全和隐私风险，但 DeepSeek 允许银行在自己的服务器上运行 AI 模型，所有的金融数据都可以在内部处理，无须上传到第三方云端。这种模式不仅提升了数据安全性，还让银行可以自主掌控 AI 的运行方式，根据自身业务需求进行优化调整。对于银行来说，本地化 AI 部署意味着更低的使用成本、更高的数据安全性，以及更强的定制化能力，使 AI 解决方案能够更好地适配银行的实际业务需求。

可以预见，DeepSeek 本地部署这样的 AI 解决方案未来将在银行的更多业务环节中发挥作用，如自动化贷款审批、智能客户服务、实时风控管理等，使银行业务更加高效、安全和智能化。

5.2.2　证券投资：精准数据分析赋能决策

在金融行业，证券投资的核心在于数据分析和投资决策，而市场环境的瞬息万变让这一领域充满不确定性。

要知道，证券市场每天都会产生海量的信息，投资者需要关注股票行情、政策法规、行业趋势、公司公告、财报数据、宏观经济指标等各类信息，而信息的延迟或误判可能会导致巨大的投资损失。传统的证券分析方法往往依赖经验丰富的分析师和成熟的量化模型，其中，量化投资策略虽然能够处理大量数据，但仍然难以精准捕捉市场中的非线性趋势和突发事件，尤其是在市场情绪分析、政策解读、全球宏观经济波动预测等方面表现有限。

DeepSeek 的出现，为证券投资领域提供了一个新的方案。DeepSeek

通过深度学习和自然语言处理技术，能够实时抓取市场新闻、政府政策、行业研究报告中的非结构化数据，并结合历史交易数据、投资者行为模式，为证券投资提供全面的智能分析。

不仅如此，DeepSeek 的本地部署为证券投资行业提供了更高的数据安全性和自主性。传统的 AI 交易系统通常依赖云服务，而证券投资行业的数据涉及敏感的交易策略、市场情报，一旦数据外泄，将会对投资机构造成严重损失。而 DeepSeek 允许券商、基金公司将 AI 解决方案直接部署于自己的数据中心，实现私有化 AI 交易，所有的交易数据和投资策略都可以在本地运行，降低数据外泄的风险，提升数据安全性。

DeepSeek 的本地部署还能够实现更快的交易响应速度，而不必承受云服务带来的延迟。基于本地部署，相应的 AI 工具完全能够在几毫秒内，分析全球市场的资金流向，并迅速调整交易策略，提高交易效率。

据不完全统计，国泰君安证券、国金证券、兴业证券、光大证券、华福证券、中泰证券、国元证券、华安证券、广发证券等多家券商，都已经接入了 DeepSeek。

中泰证券早在 2024 年 12 月就运用 DeepSeek-V3 模型，融合专家规则与思维链技术，在金融新闻文本挖掘与分析领域实现突破。2025 年 1 月 DeepSeek-R1 推出后，中泰证券本地部署 DeepSeek-R1 多个模型，并基于 DeepSeek 创建了 215 个知识库，落地运营助手、制度库问答等应用场景。

广发证券在 2025 年春节前完成了 DeepSeek-V3 和 DeepSeek-R1 的

接入，并于春节前上线基于 DeepSeek 的微信小程序，赋能投顾和全公司员工开展春节拜年等客户服务。2 月 10 日，广发证券宣布其机构客户综合服务平台“广发智汇”正式上线 DeepSeek 客户服务模块，成为业内首家推出此创新服务的券商。

2025 年 2 月 6 日，兴业证券称，已搭建强大的数智中台，支持包括 QWen 等不同开源大模型接入及融合应用，又追加完成了 DeepSeek-V3 和 DeepSeek-R1 两款大模型产品接入中台大模型矩阵，可实现诸多业务场景的全面赋能升级。

2025 年 2 月 7 日，国金证券宣布完成 DeepSeek 本地部署测试，将在多个场景中进行探索应用，包括智能办公、舆情监测、市场分析、文档解析和产业链图谱生成等。

2025 年 2 月 8 日，国信证券完成了 DeepSeek-R1-Distill-32B 模型的本地部署，并引入了 DeepSeek-V3、DeepSeek-R1 等系列版本，为后续应用打下基础。

2025 年 2 月 10 日，国泰君安证券表示，公司基于对人工智能技术的深度探索，春节前已完成 DeepSeek-R1 模型的本地部署，将进一步强化“君弘灵犀”大模型的智能投研与智能服务能力，助力证券行业的 AI 变革。

可以预见，随着 AI 在证券投资行业的深入应用，证券投资市场的竞争格局还将进一步改变。从传统的依靠分析师经验决策到数据驱动的智能投资，再到 AI 自动优化交易策略，AI 能够使投资机构具备更强的市场分析能力和风险控制能力。而 DeepSeek 通过低成本的 AI 解决方案，使更多的中小型券商和基金公司也能够利用 AI 进行投资优化，这让智能投资不再是大型机构的专属，而是整个行业都能受益的技术红利。

5.2.3 普惠金融：降低投资门槛，提升服务可及性

近年来，普惠金融已经成为金融行业的重要发展方向，普惠金融的核心目标就是让更多的普通投资者享受到优质的金融服务——在传统金融体系中，智能投顾和财富管理服务往往只是高净值客户的专属。

过去，由于资金门槛高、金融知识壁垒深，普通投资者很难获得专业的投资建议，只能依靠传统的银行理财产品或者凭借自己的有限经验进行投资决策。这不仅让投资者面临更大的风险，也导致市场上的金融资源分配不均。

然而，AI 技术的迅猛发展正在改变这一局面，特别是 DeepSeek 本地化 AI 部署的出现，使智能投顾更加普及，更多的投资者能够低成本地享受到专业的财富管理支持。

汇添富基金、诺安基金、万家基金等十余家公募基金公司已部署 DeepSeek 金融大模型，力求向科技驱动型基金公司转型。汇添富基金宣布，已完成 DeepSeek 系列开源模型的私有化部署，并将应用于投资研究、产品销售、风控合规、客户服务等核心业务场景。诺安基金也宣布完成 DeepSeek 金融大模型的本地部署，并推出基于主流 AI 开源框架自主研发的“诺安 AI 助手”，在投研分析、客户服务、风险管控等核心业务场景启动试点应用。

要知道，在传统模式下，基金公司需要大量的金融分析师进行市场研究，这不仅耗费大量的时间和资金，还容易受到主观判断的影响。而

AI 具备强大的数据分析能力，能够自动抓取金融市场数据，分析投资者行为，解读行业趋势，并提供精准的投资建议。举个例子，当一位普通投资者想要购买基金时，AI 系统可以基于他的风险承受能力、投资目标及市场环境，智能推荐最合适的基金产品，甚至帮助他定制个性化的投资组合。

AI 在投资领域的应用不仅体现在产品推荐和智能投顾上，更重要的是在风控管理方面实现突破。基金管理公司面临的最大挑战之一是如何在市场波动中控制投资风险、确保资金安全，尤其是在极端市场环境下如何避免巨额损失。但这种挑战对于 DeepSeek 不成问题，它具备强大的风险预测能力，能够通过分析历史市场数据、政策变化、全球宏观经济状况，自动识别市场中的高风险资产，并在潜在危机发生前向基金经理发出预警。当发现某个行业的交易模式异常，如短时间内出现大规模抛售，或者某只基金持仓的相关资产在经济衰退期的历史表现较差，基于 DeepSeek 模型的 AI 系统会自动调整投资组合，降低高风险资产的比重，帮助投资者规避市场风险。这种 AI 赋能的风控体系，使基金公司能够在市场波动中更加稳定地运行，提高投资组合的长期收益及稳定性。

除帮助基金公司优化投资管理和风控体系外，AI 还极大地降低了智能投顾的运营成本，使之更加适合普通投资者。过去，智能投顾主要依赖大型金融科技公司的 API 进行服务，基金公司为此需要支付高昂的使用费，并受制于外部技术。而通过本地部署 DeepSeek 模型，基金公司可以直接在内部服务器上运行 AI，无须依赖外部 API 服务，从而降低长期使用成本。此外，由于 DeepSeek 提供了轻量化的 AI 解决方案，即便是中小型基金公司或金融机构，也能够利用较低的硬件成本运行 AI 系统，让更多的中小投资者受益于 AI 赋能的财富管理服务。

AI 在普惠金融中的应用不再局限于基金管理和智能投顾，未来，它还将深度渗透到保险、消费金融、个性化财富管理等领域。

保险公司可以利用 AI 系统进行投保人健康风险评估，通过分析投保人的健康数据、生活习惯、基因信息等，提供更加精准的保险产品和定价，让保险更加公平合理。消费金融公司可以利用 AI 系统分析用户的信用评分、消费行为，优化贷款审批流程，提升信贷服务的可及性。甚至在个人财富管理方面，AI 系统也可以充当用户的私人理财顾问，帮助用户规划财务目标，设定存款和支出计划，实现财富长期增长。

DeepSeek 的出现，使智能金融服务不再是高净值人群的特权，而是真正走向普罗大众。AI 赋能的普惠金融不仅降低了投资门槛，使普通投资者可以享受到与专业投资机构相媲美的投资分析和资产配置建议，还通过智能风控体系提高了金融市场的稳定性，降低了投资风险。可以说，DeepSeek 正在重新定义金融行业的运作方式，让智能金融不再是少数大型机构的专属，而是更多机构和投资者都能享受到的智能化红利。

5.3 DeepSeek 在法律

当前，AI 已经在多个行业引发变革，法律行业也不例外。传统的法律服务依赖大量的人工分析和知识检索，不仅成本高昂，流程也十分烦琐。有了 DeepSeek，可形成一个开源、轻量化且可定制的 AI 解决方案，有望推动法律行业进入智能化时代，让法律服务更加高效、精准，同时降低法律咨询和诉讼的门槛。未来，无论是律师、法官、法律研究者，还是普通个人，都将因 AI 技术的推广而享受到高效的法律支持。

5.3.1 改变律师的工作方式

一直以来，律师都被认为是社会中的精英，具有较强的专业能力，且处理的问题较为复杂。律师参与的诉讼过程直接影响法庭的判罚结果，这使律师在法律案件中的作用显得尤为重要。

但是在精英、专业等标签的背后，律师往往面临繁杂的工作与沉重的压力。正如网络流传所言，“律师这个职业，就是拿时间换钱”，“996”的节奏，不仅是程序员的常态，律师也同样如此。

律师通常分为诉讼律师和非诉律师。简单来说，诉讼律师就是接受当事人的委托帮其打官司，而除法庭辩护外，诉讼律师的前期工作内容还包括阅读卷宗、撰写诉状、收集证据、研究法律资料等。一些大案件的卷宗可能就要达几十个甚至上百个。非诉律师则基本不出庭，负责核查各种资料，进行各种文书修改，工作成果就是各种文案和法律意见书、协议书。

可以说，无论是诉讼律师，还是非诉律师，其很大一部分时间都用于伏案工作，与海量的文件、资料、合同打交道。而法律的严谨性，同样要求律师不得有半点疏忽。但就是这种大同小异的工作模式、重复的机械式工作，正合 AI 的“对口”优势。DeepSeek 提供的轻量化且可定制的开源 AI 解决方案，完全可以通过技术创新提高律师的工作效率，使他们能将更多的精力投入策略分析和诉讼准备。

首先，法律文书的自动化分析是 AI 在法律行业的一大应用突破。

AI 可以帮助律师解析各类法律文件，包括合同、诉讼材料、判决书等，使信息检索和风险评估变得更加高效。传统上，律师在处理案件时，往往需要阅读大量的判例和法律条文，以支持客户的诉求，而 AI 可以在几秒内完成这一任务。在这样的基础上，当律师接手一个合同纠纷案件时，AI 可以快速扫描合同内容，识别潜在的法律风险，并与现行法律条文进行比对，提供合理的诉讼策略建议。另外，AI 还能自动提取合同中的关键条款，如付款义务、违约责任、争议解决方式等，使律师能够迅速聚焦案件的核心问题，而不必逐字阅读整个文件。这种智能化的法律文书分析，不仅节省了律师的时间，也提高了案件处理的精准度。

此外，在商业交易中，合同的审查至关重要，一份合同的措辞、条款细节不当，会直接埋下企业未来的运营和法律风险。对此，AI 可以通过自然语言处理技术，为律师提供智能化的合同审查服务，帮助他们更快、更准确地评估合同的合法性，并自动标注可能存在风险的内容。AI 可以对比行业标准合同模板，检测合同中是否存在不合理的条款，如不公平的赔偿责任、隐含的法律漏洞等。AI 还能结合历史判例，预估合同中某些条款带来的法律风险，并提供优化建议，帮助律师在签署合同前发现潜在问题，从而有效降低法律风险。这一技术的应用，使合同审查流程变得更加智能化和自动化，大幅提升律师的工作效率。

AI 还能帮助律师进行案件调研，快速查找与当前案件相关的法律先例。过去，律师在处理复杂案件时，需要花费大量时间查阅法律数据库，以找到类似案件的判决结果。而 AI 可以在几秒内检索海量的法律文献，并归纳出核心要点，帮助律师快速制定案件策略。

5.3.2 AI 将成为法律行业的核心竞争力

AI 的深入发展不仅会影响律师的工作方式，还会更改整个法律行业的运作模式。随着 AI 在法律行业的渗透，法律服务的效率大幅提升，而法律咨询的门槛也在降低，这就导致律师和律师事务所的竞争模式发生了根本性的变化。

AI 的应用，最直观的就是让法律行业的基础性工作变得更加智能化和自动化。以往，律师在接手案件时，需要花费大量时间进行法条检索、案件分析、合同起草等，而 AI 的出现使这些任务可以在极短的时间内完成。例如，AI 可以在几秒内完成大规模的法条检索，并自动归纳相关判例，使律师能够快速找到最具参考价值的法律依据。而合同起草这一高度重复性的工作，也可以由 AI 生成标准化文本，减少人为失误，并提升审查效率。这样的自动化功能，使 AI 能够以极低的成本完成律师曾经需要花费数小时甚至数天的工作。

而 AI 在提高效率的同时，也对律师的业务模式提出了新的挑战。随着 AI 的深入应用，许多基础的法律服务，如简单的合同审查、初步的法律咨询，甚至部分诉讼策略的制定，都可以由 AI 以更低的成本完成。这意味着，客户对传统律师提供的基础性法律服务的需求将进一步减少，律师的核心业务将受到 AI 的冲击。如果律师仍然依赖“咨询收费”这一传统模式，而不调整自身的业务结构，就很可能会被 AI 取代。律师行业从业者必须认识到，AI 发展的趋势不可逆转，他们需要升级自己的服务内容，提供价值更高的法律服务，而不仅是提供信息和建议。

在这一背景下，律师的职业角色将发生重大转变。未来的律师不仅是法律专家，还需要成为AI赋能的法律顾问。律师不仅要熟悉法律本身，还要了解如何利用AI工具，提高案件处理效率、优化诉讼策略。例如，律师需要学习如何使用AI工具进行数据分析、如何训练专属的AI法律助手，甚至如何结合AI工具进行复杂案件的推理分析。掌握AI工具的律师，将能够在更短时间内完成更高质量的法律服务，而那些拒绝AI的律师，可能会在行业变革中逐渐失去竞争力。

对于律师事务所来说，AI也正在改变其行业竞争的核心标准。过去，律师事务所的竞争力通常体现在拥有律师的数量、经验和专业知识的深度上，而在AI时代，拥有高效的“AI律师”模型，将成为衡量律师事务所实力的关键因素。未来，最具竞争力的律所，可能不是人员最多的，而是AI赋能最强的。那些率先部署AI系统、优化法律服务流程的律师事务所，将能够提供更快速、更精准的法律服务，从而在市场竞争中占据优势。例如，一家小型律师事务所如果能够基于DeepSeek模型训练AI进行法条检索和文书生成，那么其服务效率可能会超过规模更大的传统律师事务所，这种模式的变化，将彻底颠覆行业的竞争格局。

DeepSeek作为低成本AI解决方案的提供者，正在推动法律行业的智能化变革。它不仅降低了AI训练和部署的门槛，使更多的中小型律师事务所能够利用AI提升竞争力，也让律师个体能够负担得起AI工具，并以此提升自己的业务能力。

可以说，DeepSeek正在让法律服务迈向智能化、高效化和普惠化，使法律服务惠及更广泛的社会群体。使个人用户可以通过AI法律助手获得高质量的法律咨询，而不必支付高昂的律师费用；企业可以利用

AI 自动化审查合同，减少法律风险，而不需要雇用庞大的法律团队。

然而，AI 进入法律行业也带来了新的挑战。首先，AI 在处理复杂的法律问题时，仍然存在一定局限性，特别是在涉及道德判断、案例推理和人类情感因素的案件中，AI 仍然无法完全取代人类律师。其次，AI 在法律行业的应用上，涉及法律法规的监管问题，如 AI 生成的法律建议是否具有法律效力，AI 在案件判决中的角色如何界定等，都需要法律体系本身进行适应和调整。

总的来说，DeepSeek 正在推动法律行业进入一个全新的智能化时代。律师不再仅是法律知识的提供者，而需要成为 AI 赋能的法律顾问，掌握 AI 工具，提高法律服务的效率和质量。如今，律师事务所的竞争力，不再只是比拼律师数量，而是比拼谁的 AI 赋能能力更强。DeepSeek 的低成本 AI 解决方案，让法律行业的 AI 应用变得更加可行，使智能化法律服务真正落地，为行业的发展带来了新的机遇，同时也带来了前所未有的挑战。

5.3.3 DeepSeek 在司法体系中的应用

法官和法院系统同样面临大量的法律文书处理、案例分析及判决制定的挑战。在全球司法体系向数字化迈进的过程中，AI 正在成为不可忽视的重要力量。司法体系有望借助 DeepSeek 的 AI 解决方案的数据分析能力、自动化判例归纳能力及智能判决辅助功能，变得更加高效、公正和智能。

实际上，对于司法审判环节来说，AI 最大的意义就是为公平做了一份妥帖的技术保障。基于对司法全流程的录音、录像，AI 将有效实现对司法权力的全程智能监控，减少司法的任意性，以及司法腐败、权力寻租的现象。甚至在执法过程中，包括审讯、庭审环节，AI 也可以做到全程介入，对司法人员的审理过程起到合规的监督与提醒作用。

例如，在审理一桩合同纠纷案件时，AI 可以自动筛选与当前案件相似的判例，并提取相关法律条款，帮助法官参考过往判决，提高审判的一致性。这种判例检索能力不仅能缩短法官的研究时间，还能确保不同的法院在类似案件中作出的裁决更加统一，减少“同案不同判”的情况。此外，AI 还能对诉讼双方提交的证据进行智能化分析，识别其中可能的矛盾点，辅助法官进行事实认定。例如，在涉及商业欺诈的案件中，AI 可以自动比对合同条款与交易记录，发现其是否存在不合理的条款变更或条款隐匿。

此外，随着数字技术的发展，越来越多的证据以电子形式呈现，如电子邮件、社交媒体对话、财务记录、监控录像等。然而，电子证据的处理和分析往往需要大量的时间和技术支持，传统的人工检索方式难以应对日益庞大的数据量。而 AI 具备强大的数据分析能力，完全可以帮助法院快速处理和分析海量的电子证据，使司法系统能够更高效地适应数字化时代的诉讼需求。

针对刑事案件，AI 可以自动比对电子邮件内容，查找可能是伪造或篡改的证据。例如，如果一封关键邮件被修改过时间戳，AI 可以通过数据溯源技术还原邮件的原始版本，确保证据的真实性。AI 还能通过模式识别技术，分析交易数据，发现洗钱、欺诈等违法行为的线索。例如，在金融犯罪案件中，AI 可以自动扫描银行交易记录，识别是否存在异常的大额资金流动，并与已知的犯罪资金模式进行比对，帮助检察官锁定犯罪证据。

这种 AI 赋能的证据分析方式，将加速司法数字化进程，提高法院对复杂案件的处理能力。相较于传统的人工检索方式，AI 的自动化分析可以更快速地锁定关键证据，减轻法官和检察官在案件调查阶段的工作负担，使司法系统更高效、更精准。

5.4　DeepSeek 在教育

教育领域是 AI 技术最具潜力的落地方向之一。传统的教育模式以教师讲授为主，学生被动接受知识，学习内容较为固定，难以适应每个学生的个性化需求。AI 的发展为教育提供了一种全新的可能性——让学习变得更加智能化、个性化、互动化。DeepSeek 的开源 AI 解决方案能够实现更加精准的教学优化和学习辅助。

过去，智能教育往往依赖昂贵的商业 AI 服务。这使智能化教学不仅成本高昂，而且缺乏针对性的定制能力。而通过 DeepSeek 开源模型，教育机构能够直接在本地部署 AI，并利用自己的数据进行训练，实现真正适合不同学生需求的个性化教育。这一变革，正在推动 AI 在教育行业的全面应用，使每个学生都能拥有一位专属的智能导师，每位教师都能获得强大的教学助手。

当然，DeepSeek 在教育领域的深入应用，也会向我们的教育体系提出进一步的挑战——在教育 AI 化的背景下，我们的教育该何去何从？

5.4.1 DeepSeek 如何重塑个性化学习

教育一直是推动社会进步的核心力量，但传统教育模式长期面临一个难题：教学方式过于单一，难以满足不同学生的学习需求。每个学生的学习能力、兴趣点、理解方式和掌握进度都不相同，但由于课堂教学时间和资源有限，教师往往难以为每个学生提供个性化的教学方案。大多数学校采用的仍然是"一刀切"式的教学方法：所有学生按照相同的进度学习相同的内容。这就导致有些学生因为吃不透知识点而跟不上进度，另一些学生则觉得进度太慢，无法充分发挥潜力。

AI 技术的引入正在改变这一现状。DeepSeek 的开源 AI 模型，如果被训练并适配于教育领域，就可以成为学生的专属导师，帮助他们按照自己的节奏学习，实现真正的个性化教育。DeepSeek 能够实时追踪和分析学生的学习情况，精准识别他们的薄弱环节，并提供针对性的学习资料，从而提高学习效率，让学生获得最适合自己的教育方式。

例如，在数学学习中，不同的学生在不同的知识点上会遇到不同的困难。有些学生可能在函数部分理解得不够透彻，而另一些学生可能在几何题目上出错。DeepSeek 可以根据学生的答题情况，分析他们在哪些知识点上存在漏洞，并自动生成个性化的学习计划。如果某个学生在解二次函数的问题上频繁出错，DeepSeek 就会推荐相关的视频讲解、例题解析和互动练习，帮助学生逐步掌握相关概念。这种自适应学习模式，能够让学生按照自己的节奏掌握知识，不会因为课堂进度太快而掉队，也不会因为进度太慢而浪费时间。

对于成绩优秀的学生，DeepSeek 还能提供拓展内容；而对于学习较为吃力的学生，DeepSeek 会提供针对基础知识的复习和巩固，以确保他们能够夯实基础，获得能力提高。

DeepSeek 还能够提供即时反馈，让学习过程更加高效。在传统课堂上，学生在做完练习后，通常需要等待教师批改，才能知道自己的错误出在哪里，而基于 DeepSeek 的学习系统可以实时分析学生的答案，立即给出反馈，甚至提供详细的错误分析和改进建议。例如，DeepSeek 不仅能指出数学计算中的错误，还能分析错误的原因，是概念理解不清，还是计算过程中出了问题，并提供相应的解题思路。这样的即时反馈机制，能够帮助学生迅速纠正错误，强化学习效果。

AI 赋能的个性化学习，正在颠覆传统的教育模式，让学生能够拥有专属的智能导师。但与此同时，随着 AI 在教育中的广泛应用，教育的内容也必须进行变革。当前的教育体系仍然主要围绕基础的数理化知识展开，而这些恰恰是 AI 最擅长的领域。未来，我们应该更加重视培养学生的那些 AI 无法取代的能力，如创新力、想象力、创造力、同理心和学习能力。显然，在 AI 时代，我们与机器的竞争并不是知识量的多少，也不是解题速度的快慢，而是我们该如何利用 AI 去释放人类的独特潜能。

在未来的教育模式中，AI 不再是考试的评判者，而是学习的引导者，能够帮助学生更好地理解世界，探索新的知识领域。教育的重点将不再是让学生记住标准答案，而是鼓励他们思考问题、提出问题，并寻找解决方案。DeepSeek 这样的 AI 技术，也将被用来帮助学生培养批判性思维，提高创造力，鼓励他们进行跨学科的探索，而不是简单地学习已有的知识点。

在未来的课堂上，学生可以利用 DeepSeek 进行实验模拟，如在虚拟环境中测试物理定律，或者通过 DeepSeek 进行复杂数据分析，预测环境变化的趋势。DeepSeek 还可以帮助学生进行创造性的学习，如辅助写作、生成音乐、设计建筑模型等，让学习过程更加丰富和多样化。这些都是在传统教育模式下难以提供的，而 DeepSeek 的加入，使这些可能性变成了现实。

AI 让个性化学习成为可能，也让教育的未来更加令人期待。DeepSeek 的 AI 解决方案，将会让学生获得更加智能、灵活、适应性更强的学习体验，让教育从单一的知识传授，变成更具探索性、互动性和创造力的过程。未来，每个学生都将拥有一个 AI 导师，帮助他们找到最适合自己的学习方式，真正实现“因材施教”。

5.4.2 AI 智能教师助手

AI 技术的快速发展，正在改变教师的角色，让他们从繁重的行政工作中解放出来，使其真正专注教学创新和学生的个性化培养。DeepSeek 能够成为教师的智能助手，帮助他们完成各种重复性任务，如批改作业、整理教案、制定考试题目、分析学生的学习情况等。这种自动化的 AI 赋能，不仅能提高教学效率，还能让教师专注课堂互动、学生辅导和教育创新，从而提升整体教育质量。

在传统的教学工作中，教师往往需要花费大量时间在非教学任务上，如阅卷、批改作业、整理教学资料、制订考试计划等。AI 的引入，可以让这些重复性工作实现自动化。例如，DeepSeek 可以基于自然语言处理和计算机视觉技术，自动批改数学、英语等各类作业，并提供详细的解答步骤和改进建议。在数学作业的批改中，DeepSeek 不仅能判断对错，还能分析学生的解题思路，发现他们的计算漏洞或逻辑错误，提供针对性的反馈；在英语作业的批改中，DeepSeek 可以指出语法错误、句式问题，甚至可以根据文章的整体结构和逻辑提供评分和改进意见。这样一来，教师不必再花费大量时间批改作业，而是可以利用 AI 生成的分析报告，针对学生的具体问题进行有针对性的辅导。

不仅如此，AI 还能帮助教师优化教学内容。在开源基础上，教师完全可以通过 DeepSeek 分析全班学生的学习数据，发现他们在哪些知识点上掌握得较好，哪些内容仍然存在盲点。基于这些数据，DeepSeek 可以帮助教师调整教学方案，优化课堂讲解内容，让课程更加贴合学生的实际需求。例如，如果教师使用 DeepSeek 发现某个班级的学生在概率统计方面普遍存在困难，就可以在这一部分内容上投入更多的时间，增加案例讲解和互动练习，而不必按照固定的课表盲目推进课程进度。这种基于数据驱动的教学方式，让教育变得更加精准和高效。

AI 在教育领域的应用，必然会引发一个重要的问题：当知识的获取变得不再稀缺，传统的知识灌输型教学是否还具有价值？长期以来，教育模式主要依赖教师单向教授知识，学生被动接受，这种方式的核心在于教师的讲授能力。但在 AI 时代，知识的传递方式已经发生了根本性的变化，学生随时可以通过 AI 获取优质的知识内容，并且 AI 还能够根据学生的需求，调整学习方式，提供即时反馈。从这一点来看，AI 在知识讲授层面上，完全可以取代大部分传统的教学任务，甚至在某些方面能够做得比人类教师更精准、更高效。

这意味着，未来教师的角色将被重新定义，他们不再只是知识的传递者，而更像是引导者、激发者、思维启发者。在 AI 时代，教师的核心价值不再是教授单一的知识点，而是培养学生的想象力、创造力及批判性思维能力。虽然 AI 可以帮助学生掌握知识，但如何运用知识、如何解决复杂问题、如何创造新的想法，仍然需要人类教师的引导。这也是 AI 无法取代的部分，因为创造力和思维的灵活性是人类独有的特质。

未来的课堂将会更加注重互动式学习、探究式学习和项目式学习，教师的职责是设计有挑战性的问题，让学生通过 AI 辅助进行探索、讨论和实践，而不是单纯地传授固定答案。例如，在文学课上，教师可以让学生使用 AI 工具分析不同作家的写作风格，并基于这些分析进行创造性的写作练习；在科学课上，教师可以组织学生利用 AI 进行数据建模，预测气候变化趋势，或者通过 AI 进行模拟实验，而不是仅讲授已有的科学理论。这样一来，教师将更多地转向培养学生的思考能力和解决问题的能力，而不是单纯的知识传递者。

此外，教师还将承担更多的"情感教育"责任。AI 可以批改作业、分析学习数据，但它无法理解学生的情绪、个性和心理状态。教育不仅是知识的学习，更是对人类情感的传递和人格的塑造。未来的教师将更加关注学生的心理健康、社交能力、团队协作能力，以及如何在快速变化的世界中找到自己的方向，成为更好的人。

因此，AI 的发展，并不会让教师的角色消失，而是会让教师的价值更加突出。未来的教育模式，将是 AI 与教师深度协作的模式，由 AI 负责提供精准的知识支持，而教师负责培养学生的人文素养、思维方式和创造力。这种结合，将会让教育变得更加高效、人性化和个性化，让每个学生都能根据自己的兴趣和能力自由发展，实现最优的成长路径。

5.4.3 “AI+教育”的未来

DeepSeek 的开源模式，为教育行业提供了前所未有的灵活性和可定制性，让学校、教师、学生都能够自由地训练自己专属的 AI 学习助手，真正实现“因材施教”。

在传统的教育体系中，教学内容的编排和授课方式往往是固定的，学生必须按照既定的课程进度学习，而不会考虑他们的个体差异。AI 的介入，正在改变这一模式，让学习变得更加个性化、动态化和高效化。

例如，一所学校可以利用 DeepSeek 开发一个专门针对高考数学的智能学习工具，这样的工具不仅能提供传统的试题解析，还能根据不同学生的薄弱点进行专项训练；教师可以基于 DeepSeek 模型训练个性化的阅读推荐系统，让学生根据自己的兴趣和能力获得最适合的学习资料，而不是局限于标准课本；学生也可以利用 DeepSeek 模型训练自己的学习助手，帮助自己制订学习计划，优化复习策略，提高学习效率。

AI 与教育的结合不仅体现在个性化教学上，更体现在实时反馈和交互式学习方式的优化上。在 AI 的辅助下，教育不再是单向的知识传授，而是一种双向互动的学习体验。学生可以随时向 AI 进行提问，无论是解答难题，还是寻求深入的知识拓展，AI 都能根据学生的学习路径提供精准的解答和指导。相较于传统课堂，AI 让学习变得更加即时和便捷，不再受限于课堂的时间和空间，学生可以随时随地进行深度学习。

对于教师而言，AI 的赋能不仅意味着教学负担的减少，更意味着教学质量的提升。传统教师需要花费大量时间准备课件、批改作业、进行考试评估，而 AI 可以帮助教师快速生成个性化的教学计划、自动批改作业、分析学生的学习数据，为教师提供深度教学洞察。

对于学校而言，AI 可以助力管理者优化教育资源的分配，提高教学公平性。例如，在教育资源分配不均衡的情况下，AI 可以帮助偏远地区的学校提供高质量的远程教育，使那些无法接触到优质教师资源的学生也能享受到一流的教学内容。AI 还能通过大数据分析优化学校的课程设置，让课程安排更加科学合理，最大限度地提升学生的学习体验。

AI 赋能的教育模式，还可以为职业教育和终身学习提供更大的可能性。在现代社会，职业技能的更新换代速度越来越快，许多人需要不断学习新知识，以适应行业变化。传统的职业培训课程往往成本高、周期长，而 AI 可以提供更加灵活的学习方案。例如，医疗行业的医生可以利用 AI 进行病例分析和医学影像学习，法律行业的从业者可以利用 AI 进行案例解析和法律法规学习，甚至企业也可以基于 AI 训练专属的员工培训系统，为员工提供定制化的学习方案，提升职业技能。

随着 AI 技术的不断成熟，教育将迎来真正的智能化时代，AI 也不再只是简单的辅助工具，而是成为教育体系中不可或缺的一部分。在这个智能化学习生态中，学生可以随时获得 AI 的个性化辅导，教师可以借助 AI 更精准地制订教学计划，学校可以利用 AI 选择更加公平和科学的评估方式。这种技术应用不仅提高了教育效率，也让学习变得更加有趣。

DeepSeek 的开源 AI 解决方案，正是这一变革的关键，可以说，DeepSeek 为未来的教育体系奠定了技术基础，让 AI 成为每个人都可以使用的学习助手，使教育真正实现“千人千面”。

5.5 DeepSeek 在科研

科研是推动人类文明进步的关键动力，但科研工作往往伴随着大量的数据处理、文献阅读、实验设计和结果分析——在科学研究中，研究者需要先提出假设，然后根据这个假设去构造实验、搜集数据，并通过实验来对假设进行检验。在这一过程中，研究者往往需要进行大量的计算、模拟和证明，既烦琐又耗时。而在每个步骤中，AI 都有很大的用武之地。特别是 DeepSeek 开源模型的出现，更是为科研工作带来了全新的可能性。

《自然》杂志就在相关报道中表示，科研人员测试了 DeepSeek-R1 模型在执行科研任务中的能力，这些任务涵盖从数学到认知科学等领域。初步测试显示，DeepSeek-R1 在化学、数学和编程领域的特定任务表现与 GPT-o1 旗鼓相当。《自然》杂志认为，DeepSeek-R1 这类模型在解决科学问题方面展现出超越早期语言模型的能力，具有科研应用潜力。

5.5.1 科研领域迎来 AI 革命

在科学研究的过程中，通常需要进行大量的计算和模拟工作。

举例来说，台风轨迹的预测是一件对计算量需求非常高的工作。传统上，科研人员主要依靠动力系统模型来进行预测。这种方法会根据流体动力学和热力学等物理定律来构造大量的微分方程，用它们来模拟大气的运动，进而对台风的走向进行预测。显然，这个动力系统是非常复杂的，不仅是预测所需要的计算量非常大，并且非常容易受外生扰动因素的影响。正是这个原因，世界各国即使动用了最先进的超级计算机，预测也经常出错。

近几年，科研人员调整了预测的思路，开始尝试用 AI 模型预测台风，由此涌现了一大批相关的人工智能模型。这类模型放弃了传统物理模型的预测思路，转而用机器学习的方法来进行预测，不仅大幅降低了计算负担，而且有效提升了预测精度。例如，“风乌”模型在一个单 GPU 的计算机上就可以运行，并且仅需 30 秒即可生成未来 10 天全球高精度预测结果。

当前，AI 精确的计算和模拟能力已经在化学、材料科学等特定领域得到了科研人员的认可和应用，并成为协助科研的一个强力工具。

例如，在化学合成领域，科研人员利用美国专利数据库和 Reaxys 数据库中的反应数据训练了一个 AI 算法，该算法能够为给定分子提供合成路线和反应条件，并评估不同路径的优劣。同时，他们还开发了一个开源软件，该软件通过学习应用逆合成转化，确定合适的反应条件，并评估反应。这个软件利用了数百万个反应的训练数据，从中归纳出了可靠的规则。通过神经网络模型，该算法能够预测出最适合目标分子的规则，并成功用于 15 个化学小分子药物的合成路线设计和自动化合成。科研人员的最终目标是利用这些规则将目标化合物追溯到容易获得且廉价的小分子。这种 AI 小模型的应用为化学合成提供了自动化和智能化的解决方案。

在材料科学领域也是如此，牛津大学团队利用在精确的量子力学计算上训练的原子机器学习方法，对包含 10 纳米长度尺度的硅原子系统的液体–结晶态和非晶态–非晶态转变过程进行了研究，并同时预测了其结构、稳定性和电子性质。这一方法成功地描述和解释了与实验观察一致的非晶硅的全部相变过程，为科研人员理解和控制材料相变过程提供了新的工具和方法。

AI 除在计算方面发挥优势外，过去两年，随着以 ChatGPT 为代表的 AI 工具的爆发，AI 更是成为直接的生产力，不仅可以直接设计机器人，甚至还可以完成芯片设计。2023 年 10 月，美国西北大学的研究人员首次开发出一种可以完全自行设计机器人的 AI 算法。当该团队向 AI 程序发出提示："设计一个可以在平坦表面上行走的机器人。"不到 30 秒，该 AI 程序就设计出了一个能够成功行走的机器人。为了验证计算机中模拟的系统在实践中是否有效，科研人员通过使用 3D 打印设计的模具并填充硅胶，最终在 AI 系统的驱动下，得到了一个有些笨拙，但能够开始行走的机器人（行进步幅大约是人类平均步幅的一半）。

传统机器人设计通常需要耗费大量的时间、资源和人力，包括设计、制造和测试。这种过程可能需要数月甚至数年才能完成。但用 AI 设计机器人只需要在计算机模拟环境中生成新的机器人设计，而无须制作物理原型。

除利用 AI 设计机器人外，纽约大学坦登工程学院的科研人员还通过与 AI 的"对话"，直接设计出了一款微处理器芯片。要知道，一直以来，芯片产业就被认为是门槛高、投入大、技术含量极高的领域。在没有专业知识的情况下，普通人是无法参与芯片设计的，但 AI 的出现改变了一切。

5.5.2 定制化 AI 科研助手

尽管 AI 在科研领域已经证明了自己的价值和潜力，但想要在科研领域自如应用 AI 并不是件容易的事情。究其原因，科研工作的复杂性决定了不同学科对 AI 的需求千差万别，通用 AI 虽然具备强大的计算和分析能力，但在具体研究场景中的适应性往往不足。

而现在，DeepSeek 提供了一种新的可能——让科研机构能够定制自己的 AI 助手，使其成为真正贴合实验室需求的“智能研究伙伴”。

在神经科学研究中，研究人员需要处理海量的脑电图数据，分析神经网络中的特定模式，并识别可能的异常信号。例如，在帕金森病或阿尔茨海默病的研究中，研究人员往往需要从 EEG（脑电图）或 fMRI（功能性磁共振成像）数据中寻找早期病变迹象，而传统的分析方法通常依赖专家手动筛选特征，效率低且易受人为偏差影响。DeepSeek 能够通过深度学习自动识别神经活动的特征，预测神经退行性疾病的潜在风险，为早期诊断提供科学依据。相比通用 AI，定制化 AI 允许研究人员在实验室特定的数据集上进行训练，使其更好地适应具体的研究任务，提升诊断的准确性。

在经济学研究中，AI 也正在成为重要的分析工具。金融市场受政策、供需、地缘政治等多重因素影响，传统的经济模型往往难以实时捕捉市场动态。而科研人员可以训练 AI 分析全球金融市场的历史数据，并结合多种经济变量构建更精准的预测模型。例如，研究人员可以让 AI 通过回溯分析过去几十年的货币政策、通货膨胀率、股市波动等数据，模拟不同政策对经济的潜在影响，从而为政府和企业的决策提供量化依据。

定制化 AI 的优势在于，它能够根据研究目标进行优化，而不是像通用 AI 那样仅提供一个“泛化”的预测结果。科研机构可以微调模型参数，使 AI 更符合自己的研究需求，提高数据分析的精准度。

在化学和材料科学研究中，AI 也正在重塑实验流程。传统的材料研发通常依赖大量实验来测试新材料的性能，而 AI 的引入让这一过程变得更加高效。研究人员可以训练 AI 识别特定的分子结构模式，筛选潜在的新型材料。

例如，在高分子材料研究中，研究人员希望找到一种耐高温、耐腐蚀的塑料，他们可以让 AI 学习已有的高分子材料数据库，并基于已知化学结构，预测哪些新组合可能具有类似甚至更优越的性能。这样，研究团队可以先用 AI 进行筛选，再进行实验验证，从而缩短试错时间，优化材料研发流程。在天文学研究中，AI 也被用于分析和处理来自望远镜的观测数据。宇宙中有无数的星系，而天文学家需要在浩瀚的宇宙数据中寻找特定类型的天体，如黑洞、脉冲星或人类宜居的行星等。AI 经过定制化训练后，能够自动分类星系数据，提高宇宙观测的精准度。例如，研究人员可以让 AI 识别红移数据，筛选出可能属于早期宇宙的星系，帮助天文学家更好地理解宇宙的演化历程。相较于传统的人工分类方法，AI 在数据处理方面更加高效和精准，能够帮助研究团队更快地锁定研究目标。

定制化 AI 的另一个优势是能够随着实验进展不断优化。科研工作往往是动态的，研究人员需要不断调整研究方向，而 DeepSeek 允许科研团队在已有模型的基础上继续微调，从而使 AI 始终保持对最新研究需求的适应性。

例如，一个致力于病毒研究的实验室，可以基于 DeepSeek 模型训练 AI 识别病毒基因突变，并根据最新的临床数据不断优化 AI 的预测能力，从而更快地发现病毒的变异规律。这样的 AI 训练方式，使科研机构拥有自主权，而不依赖固定的、更新周期较长的商业 AI 服务。

此外，AI 还能整合多种数据源，帮助科研团队进行跨学科研究。例如，在环境科学研究中，研究人员可能需要分析气候变化对农业生产的影响，而 AI 可以结合卫星遥感数据、气象数据、作物生长数据，建立一个预测模型，帮助科学家更好地了解气候变化如何影响粮食安全。这种跨学科的 AI 研究方式，能够让研究人员以更全面的视角理解复杂的自然现象，为政策制定提供更科学的依据。

可以看到，DeepSeek 的定制化能力，使其不再仅是一个通用的智能助手，还是可以根据不同学科、不同实验室需求进行深度优化的科研工具。无论是生物医学、经济学、材料科学还是天文学，DeepSeek 都能够成为研究人员的智能研究伙伴，提供精准的数据分析、预测和实验设计支持。随着 AI 技术的不断进步，定制化 AI 在科研领域的应用将得到进一步扩展，使科学研究变得更加高效、智能和精准。

5.6 DeepSeek 在创作

在内容创作领域，AI 的应用正以前所未有的速度发展。无论是直播主播、短视频创作者，还是作家、品牌文案撰写人员，DeepSeek 的出现都在改变着他们的工作方式。随着 AI 在创作领域的深入应用，DeepSeek 也在重新定义创作者与 AI 的关系，让内容创作变得更加高效、智能和个性化。

5.6.1　适配创作者风格的 DeepSeek

对于内容创作者而言，无论是短视频、直播、品牌营销，还是长篇小说、新闻报道，每种创作方式都有其独特的风格、语调和节奏。传统 AI 生成的内容往往偏向通用型，缺乏鲜明的个性，导致需要额外的人工调整，费时费力。而 DeepSeek 通过开放的 AI 训练，能够让创作者打造真正符合自己品牌调性的 AI 助手，使创作变得更加高效和精准。

短视频行业是最需要风格化表达的内容赛道之一。不同的短视频创作者有着截然不同的风格，有人擅长幽默调侃，有人则主打理性深度，也有人追求故事叙述，而 AI 生成的标准化内容很难精准适配这些个性化需求。

与其他大模型不同，DeepSeek 提供的开源模型，可以让 AI 先学习创作者过往的创作风格，包括用词习惯、语句节奏、叙述方式，甚至是标题和封面的风格，进而形成一个创作者专属的 AI 模型。举个例子，一位专注财经解读的短视频创作者，可以训练 DeepSeek 生成符合财经领域特征的内容，同时保留个人表达方式，如倾向幽默风趣或更偏严肃理性，以此增强观众的熟悉感和信任度。

DeepSeek 的这种个性化 AI 训练能力，不仅让内容创作更加高效，也使 AI 得以真正成为创作者的能力延伸和助手。过去，内容创作者需要花费大量时间在素材搜集、脚本撰写、录制和后期制作上；而现在，AI 可以承担部分重复性工作，如自动优化内容结构、润色文案、生成符合品牌风格的宣传文案，自动匹配适合的视觉元素，让创作者可以专注创意和策略层面，而不是烦琐的执行层面。

更重要的是，这种个性化 AI 训练模式，赋予了创作者更大的自由度，使他们能够更好地掌控内容，而不是让 AI 主导创作。基于 DeepSeek 模型的 AI 解决方案并不是一个“替代”创作者的工具，而是一个“帮助”创作者优化内容、保持风格一致性、提升创作效率的智能助手。未来，随着 AI 技术的不断进化，DeepSeek 甚至可以帮助创作者自动分析观众反馈，优化内容策略，使 AI 不仅是一种工具，更成为一个真正理解创作者需求、不断进化的创意合作伙伴。

5.6.2 DeepSeek 让内容创作更高效

在如今竞争激烈的内容产业中，创作者需要不断输出高质量内容，以保持受众的关注度。创作过程往往需要投入大量时间进行构思、策划、撰写、修改，尤其是短视频脚本、品牌文案、广告创意等内容，通常需要经过多轮调整才能达到最终效果。这不仅加重了创作者的工作压力，也可能因创作周期过长而错失热点。而 DeepSeek 的智能内容生成能力，使创作者能够在极短的时间内获得符合要求的高质量内容，从而大幅提升创作效率。

对于直播主播来说，内容输出的频率极高，他们每天需要准备直播脚本、聊天话题、观众互动文案等。过去主播往往需要花费大量时间构思直播内容，如果灵感枯竭，就很容易在直播过程中出现冷场或重复内容，影响观众体验感。

而一个自主训练的 DeepSeek 完全可以作为主播的“智能文案助手”，帮助他们实时生成互动话题，确保直播内容始终保持新鲜感。例如，一位游戏主播在解说一款新游戏时，DeepSeek 可以即时提供游戏背景故事、角色介绍、战术策略等，让主播的讲解更加生动专业，从而提升观众黏性。如果主播在直播过程中需要快速应对观众提出的问题，DeepSeek 还能即时搜索相关信息，帮助主播提供准确的解答，提升直播的互动性。

短视频创作者同样可以利用 DeepSeek 进行高效创作。如今的短视频行业讲求即时性，热点事件稍纵即逝，创作者需要迅速反应，才能抢占先机，获得流量。然而，短时间内策划、编写、剪辑、优化一条高质量的视频内容，并非易事。经过专门训练的 DeepSeek 模型不仅可以根据创作者的风格自动生成文案，还能对网络上的热点进行分析，推荐适合的创作主题。例如，一位科技测评博主想要制作关于最新智能手机的评测视频，DeepSeek 可以自动汇总该手机的核心参数、市场反响、竞品对比等信息，并以符合这位博主风格的方式生成视频脚本。

DeepSeek 赋能创作的最大价值在于，不仅加快速度，还能帮助创作者专注创意和内容本身。过去，创作者需要耗费大量的精力在重复性的文案修改、数据整理、结构优化等环节中，未来，DeepSeek 可以承担这些工作，使创作者能够集中精力在内容的核心创意上。例如，小说作家利用 DeepSeek 辅助构思故事情节，编剧用 DeepSeek 生成对白参考，广告策划师用 DeepSeek 进行多种方案的对比优化。通过这种方式，DeepSeek 使创作者能够在不牺牲质量的前提下，大幅提高创作效率，同时确保内容风格的独特性和品牌调性的统一。

随着 AI 生成技术的不断成熟，未来的内容创作方式也将迎来革命性变化。DeepSeek 的个性化 AI 解决方案，意味着每位创作者都可以拥有自己的“智能写作助手”，无须再担心灵感枯竭或内容重复，而是能够随时生成高质量的创意内容，让创作变得更加轻松和高效。

5.7 DeepSeek 在电商

当前，电商行业正以前所未有的速度蓬勃发展，市场需求日益多元，竞争也日益激烈。面对这一挑战，电商企业需不断创新和优化自身的运营策略，从而适应市场的变化。

在这样的背景下，AI 的加入成为重塑电商行业的一股重要力量。从客服系统到个性化推荐，再到消费趋势预测，AI 正在使电商运营变得更加高效和智能化。而 DeepSeek 的开源 AI 模型，不仅为电商行业提供了灵活的定制化解决方案，还帮助电商企业优化用户体验，提高转化率，从而提升商业竞争力。

5.7.1 定制 AI 客服，提高用户满意度

在电商平台，客服的作用不仅在于解答用户疑问，更是影响用户体验、提升转化率和增加复购率的关键环节。

想象一下，你正在浏览某个购物网站，看中了一款智能手表，但有些细节没弄清楚，如它是否支持 NFC 支付。你找到客服，却只能得到机械式的回复：“请参考产品详情页面。”这种体验不仅使人无奈，还可能令人放弃购买。

在大模型出现以前，市场上都是这种“智障式”的客服，虽然这些 AI 客服也可以 24 小时在线，但大多数情况下，只能按照预设的问题进行机械式回复，一旦遇到复杂问题，就会束手无策，最终还是要转接人工客服，无法真正提高服务效率。现在，通过基于 DeepSeek 模型的定

制化训练，AI 客服能具备更强的自然语言理解能力，深度理解用户需求，提供更加个性化的解答。这样 AI 客服不再只是一个简单的答疑机器人，而是真正的“智能客服助手”。也就是说，通过对 DeepSeek 基础模型进行特定数据的“投喂”，一个电商门店完全可以拥有一个专属的定制 AI 客服。

不仅如此，经过定制化训练的 DeepSeek 模型还能帮助电商企业分析用户咨询的数据，优化产品页面，提高用户的自助查询效率。

如果定制化的 DeepSeek 模型发现某款产品的咨询量突然大幅增加，大多数用户在问类似的问题，如“这款耳机支持降噪吗？”或者“这个面霜适合敏感肌吗？”，那么这可能意味着产品页面的描述不够清晰。此时，DeepSeek 就可以自动生成优化建议，让商家调整产品详情页的内容，减少用户的疑问，提高购买转化率。这样一来，用户可以直接在产品页面内找到关键信息，无须特意咨询客服，提升购物体验的同时，也能大大减轻客服团队的工作压力。

定制化的 DeepSeek 模型还可以结合用户的购物历史，提供更精准的个性化推荐。例如，用户如果咨询“我上次买的是蓝牙耳机，这次有什么更好的推荐吗？”，DeepSeek 可以根据用户的购买记录，推荐升级款或者适合需求的新品，而不是像传统客服那样，让用户自己去翻找新款耳机。这样的推荐不仅能提高用户对品牌的好感度，还能增加客单价和复购率。毕竟用户愿意花钱买的不仅是产品，还有更贴心、更高效的购物体验。

也就是说，基于 DeepSeek 模型的 AI 客服系统，不仅是一个回答问题的机器人，还是一个能够理解用户、优化购物体验、提升转化率的智能助手。它能让电商企业在成本更低的情况下，提供媲美甚至超越人工客服的服务，让用户在购物过程中感受到更高的便捷性和个性化体验。随着AI的进一步发展，电商平台的客服模式可能会彻底改变，从传统的被动解答问题，变成更加主动地引导用户，让购物体验更加流畅自然。

5.7.2 个性化推荐，提升用户转化率

目前，个性化推荐已经成为电商行业提升用户体验和销售转化率的关键工具。传统的推荐系统主要基于用户的浏览历史和购买记录进行推荐，虽然能够在一定程度上提高转化率，但它们往往缺乏深度理解能力，容易出现推荐不相关或重复商品的情况，导致用户体验下降。

而DeepSeek允许电商企业根据自己的业务需求，训练专属的AI推荐模型，使推荐系统不仅基于用户过去的消费行为，还能结合用户的兴趣、社交媒体活动、实时消费趋势等多维度信息，提供更精准的个性化推荐。

基于DeepSeek模型的个性化推荐系统不仅是一个单纯的“猜你喜欢”模块，还是一个能够主动学习用户偏好、调整推荐策略的智能引擎。

例如，一个电商平台可以基于DeepSeek模型训练AI进行更深入的数据分析，当用户在社交媒体上频繁关注健身相关内容，并近期在电商网站上浏览了运动服装和健身器材，AI就能精准地推测出用户可能正在制订健身计划，因此推送更相关的健身装备，如运动鞋、瑜伽垫、智能手环等。相比传统的购物历史推荐，基于DeepSeek模型训练的AI能够更好地理解用户的真实需求，提升推荐的精准度，增强用户的购买意愿。

此外，DeepSeek 还能帮助电商平台预测用户的需求，进行更有针对性的补充性推荐。例如，用户刚刚购买了一台咖啡机，基于 DeepSeek 模型训练的 AI 可以预测用户可能需要咖啡豆、滤纸、清洁工具等配件，并适时向用户推荐相关产品。这样的推荐方式不仅能够提高用户的购物体验，还能增加用户的购买频率，提升客单价。

基于 DeepSeek 模型训练的 AI 推荐系统，还可以结合实时消费趋势，调整推荐策略。例如，当某个商品在社交媒体上突然流行起来，或者某个品类在特定季节热销时，AI 可以自动调整推荐优先级，让热门商品优先出现在用户的推荐列表中，提高商品的曝光率和转化率；又如，冬天来临时，AI 会自动提高保暖服饰、加湿器、电热毯等商品的推荐权重，在夏季则优先推荐空调、防晒霜、运动饮料等商品。这样的动态调整方式，使电商推荐系统更加符合用户的实际需求，既提升用户体验，又能大幅增加销售额。

在提升用户体验方面，基于 DeepSeek 模型训练的 AI 还能够避免"重复推荐"带来的用户厌烦感。传统推荐系统往往容易陷入"窄化"困境，即用户浏览或购买某类产品后，推荐系统会不断推荐同类产品，导致用户体验下降。基于 DeepSeek 模型训练的 AI 可以通过多维度的数据分析，提供更加多样化的推荐，例如，如果用户购买了一款高端咖啡机，则训练后的 AI 不会仅限于推荐咖啡机，而是更多地推荐优质咖啡豆、磨豆机、牛奶发泡器等相关产品，让推荐更有针对性，也更加符合用户的消费逻辑。

更进一步地，基于 DeepSeek 模型训练的 AI 还能帮助电商企业优化促销策略，提升用户留存率。如果预测到某位用户对某款商品有兴趣，但迟迟没有下单，AI 可以智能判断用户可能在等待折扣或优惠信息，并自动推送限时折扣或优惠券，刺激用户下单。对于已经成为忠实用户的高价值顾客，AI 可以推荐更高端的商品，提供定制化的专属优惠，进一步提升用户的品牌忠诚度。

个性化推荐的最终目标，不仅在于提高电商平台的销售额，更在于提升用户体验，让用户在购物过程中感受到 AI 对他们需求的精准理解，从而增加用户的购物满意度和黏性。而 DeepSeek 的定制化 AI 能力，意味着电商企业可以打造更加智能、精准、高效的推荐系统，让每一次推荐都更加符合用户的需求和喜好，真正实现“千人千面”的个性化购物体验。

5.8 DeepSeek 在设计

设计是一项充满创造力的工作，从平面设计到 UI 设计，再到广告创作，每一个环节都需要设计师投入大量的时间和精力。然而，在现实工作中，设计师常常面临时间紧迫、需求多变、修改频繁等挑战。如何在保证创意质量的同时，提高设计效率就成了一个关键问题。

面对这一问题，DeepSeek 给出了答案——开源 AI 模型，让设计师和企业可以在其基础上训练专属的 AI 设计工具，使其具备特定的设计风格和行业知识。这样，设计师不仅能利用 AI 生成初步的设计方案，还能通过深度训练，让 AI 更加契合个人或企业的品牌需求，从而提升设计的个性化和专业度。

5.8.1 DeepSeek 赋能平面设计

设计师的工作往往需要从零开始，构思创意、调整排版、优化配色，每一步都需要大量的时间和精力。而现在，基于 DeepSeek 的开源 AI 模型可生成更加智能、高效的设计工具，让创意的实现变得更加简单，同时确保品牌视觉的一致性与专业性。

在平面设计领域，DeepSeek 的开源 AI 模型，使设计师得以在其基础上训练专属的平面设计 AI，更快速地完成日常设计任务。以电商海报为例，传统的海报设计需要设计师根据文案内容手动调整字体、排版、颜色和图像，每个元素的变动都需重新调整整个版面。

而一个专属的设计 AI 就可以自动分析文本内容，智能匹配最佳的排版方案。例如，设计师输入“简约风格的科技产品促销海报，主色调蓝色，突出折扣信息”，AI 就能够自动生成多个符合要求的设计方案，设计师可以在此基础上进行微调，不必从头开始。这不仅节省了大量的时间，还能提供更多的创意灵感，让设计师从烦琐的调整工作中解放出来，把更多精力投入创意探索中。

除排版优化外，经过定制化训练的 DeepSeek 模型能帮助设计师在色彩搭配上做出更精准的决策。色彩是品牌调性的重要部分，一个好的配色方案不仅能增强品牌的识别度，还能吸引用户的注意力。DeepSeek 模型通过专门的训练，能够自动分析品牌的现有色彩体系，生成符合品牌风格的配色方案。

例如，一家高端护肤品牌希望保持“高级感”，基于 DeepSeek 模型的定制化 AI 可以自动推荐适合的莫兰迪色系，确保视觉上既专业又有质感。而对于快消品牌，AI 可能会推荐更加明亮、对比度更高的配色，以吸引消费者的目光。在社交媒体广告投放中，AI 还能基于平台的用户偏好生成更具吸引力的视觉方案，从而提高用户的点击率和互动率。

5.8.2 优化 UI 设计与用户体验

在 UI 设计和用户体验优化的过程中，设计师不仅要关注界面的美感，还需确保用户能够快速理解、轻松使用，并在整个交互过程中感受到流畅和愉悦。传统的 UI 设计往往是一个复杂且耗时的过程，从原型设计到用户测试，需经过无数次的调整和优化，甚至依赖大量的用户反馈才能最终确定最佳方案。而通过 DeepSeek 开源模型，UI 设计师能打造一个专属的 UI 设计 AI，让 UI 设计变得更加精准、自动化，更贴合用户需求。

在电商平台、社交媒体应用或企业内部系统的 UI 设计中，专属的 UI 设计 AI 可以帮助设计师分析用户的浏览行为，识别最常点击的区域，优化按钮和导航栏的布局。例如，一个电商 App 需调整“立即购买”按钮的位置，AI 通过用户数据分析，发现用户更倾向在特定区域点击该按钮，进而自动调整其位置，提高转化率。此外，在表单填写和用户注册流程中，AI 还能优化输入框的排布，使其符合用户的阅读和输入习惯，减少填写错误和用户流失率。

UI 设计不仅包括界面布局，还涉及响应式设计的优化。随着移动设备的普及，UI 设计需要适配不同尺寸的屏幕，传统的做法往往需要设计师针对多个设备单独调整界面；而专属的 UI 设计 AI 能自动生成响应式设计方案，确保界面在手机、平板电脑和 PC 端的显示效果都保持一致。

色彩和字体的选择也是 UI 设计中的重要组成部分，它们不仅影响界面的美观度，还直接影响用户的情绪和行为。例如，金融类 App 需要传递专业、可靠的感觉，通常采用深色调；健康类 App 需要营造舒适和放松的氛围，可能更倾向使用淡雅的色彩。UI 设计 AI 通过深度学习，分析不同颜色、字体对用户心理的影响，自动推荐最适合的配色方案，确保视觉风格既符合品牌调性，又能带来最佳的用户体验。

AI 在 UI 设计中的另一大应用亮点是可用性测试。传统的可用性测试通常需要邀请真实用户参与，观察他们在界面上的操作习惯，收集反馈并进行优化调整。但这一过程耗时且成本高昂，而 AI 可以通过模拟用户行为，自动检测界面上的潜在问题。

AI 还能优化个性化的 UI 交互体验。在过去，所有用户看到的界面几乎是相同的，但随着 AI 的发展，UI 设计开始向个性化方向发展。相较于其他大模型，开源的 DeepSeek 模型能够允许开发者基于不同用户的使用习惯，自动调整界面元素，如购物 App 可以根据用户的购买记录，自动调整首页的商品推荐布局，帮助用户更快找到感兴趣的产品；新闻应用可以根据用户的阅读习惯，动态调整文章排版，确保用户看到的内容更加清晰和易读；学习类 App 可以基于学生的学习风格，调整界面中的信息呈现方式，如增加视频讲解或减少文字描述，以适应不同的学习需求。这些个性化的 UI 交互优化，让用户能够获得更加直观和舒适的体验，使产品更具吸引力。

AI在UI设计和用户体验优化上的突破，使其不仅是一种辅助工具，更是 UI 设计师的智能搭档。它能够帮助设计师快速生成界面布局、优化交互方式、调整视觉元素，甚至自动完成可用性测试，让 UI 设计更加科学、高效，同时减少用户流失，提高用户满意度。

未来，随着 DeepSeek 的深入应用，UI 设计将不再是单一的美学考量，而是基于数据驱动的智能优化，让每个界面都能以最自然、最流畅的方式为用户提供服务，让 UI 设计从传统的手工调整迈向智能化、个性化的新时代。

5.9 DeepSeek 在交通

在 AI 技术之前，交通载具的发展经历了几大阶段。从最原始的被人类驯化的马、驴到马车、牛车，再到蒸汽火车，以及现代的高速列车、汽车。

AI 的发展，使与汽车相关的智慧出行生态的价值重新定义，出行的三大元素“人”“车”“路”被赋予类人的决策、行为，整个出行生态也将发生巨大的改变。强大的算力与海量的高价值数据成为构成多维度协同出行生态的核心力量。今天，从自动驾驶到智能导航，从车联网到智能交通管理，AI 在交通领域的应用越来越广泛。

在这样的背景下，DeepSeek 作为开源 AI 模型的提供者，为智能交通的发展带来了新的可能——DeepSeek 能够为汽车制造商、自动驾驶公司、物流企业等提供高度定制化的 AI 训练方案，让交通系统变得更智能、更安全、更高效。

5.9.1　自动驾驶进入 2.0 时代

美国汽车工程师协会（SAE）将自动驾驶分为六个等级，即 L0～L5。

L0 称为“非自动化”（No Automation），是驾驶人具有绝对控制权的阶段。

L1 称为“辅助驾驶”（Driver Assistance）。在此阶段，系统在同一时间至多拥有“部分控制权”，要么控制转向，要么控制加速/制动。当出现紧急突发情况时，驾驶人需要随时做好立即接替控制的准备，对周围环境保持警觉。

L2 称为“半自动化驾驶”（Partial Automation）。与 L1 阶段不同，L2 阶段转移给系统的控制权从“部分”变为“全部”，也就是说，在普通驾驶环境下，驾驶人可以将横向和纵向的控制权同时转交给系统，但需要对周围环境保持警觉。

L3 称为“有条件的自动化”（Conditional Automation），是指由系统完成大多数的驾驶操作，仅当紧急情况发生时，驾驶人视情况给出适当应答的阶段。此时，系统接替驾驶人，对周围环境进行监控。

L4 称为“高度自动化”（High Automation），是指自动驾驶系统在驾驶人不做出“应答”的条件下，也可以完成所有的驾驶操作的阶段。但是，此时系统仅支持部分驾驶模式，并不能适用于全部场景。

L5 称为“高度自动化”（Full Automation），与 L0、L1、L2、L3、L4 阶段最为主要的区别在于，L5 阶段驾驶系统能够支持所有的驾驶模式。在这一阶段中，可能不再允许驾驶人成为车辆控制的主体。

从技术的发展来看，目前国内外的智能驾驶技术多处于 L2～L3 阶段。其中，L2 阶段的自动驾驶系统多是目前常见的 ADAS（高级驾驶辅助系统），拥有 ACC（自适应巡航）、AEB（紧急制动刹车）和 LDWS（车道偏离预警系统）等辅助驾驶功能，车辆的驾驶者必须是驾驶人本人。

而 L3 阶段真正做到了“无人”。相较于 L2 阶段的自动驾驶，L3 阶段的自动驾驶意味着车辆在对应功能开启后，将会完全自行处理行驶过程中的一切问题，包括加减速、超车，甚至规避障碍等。车机系统在特定条件下启动，但遇到紧急情况时仍由驾驶人进行决策。这一级别包括几个功能元素：HWP（高速公路引导）、TJP（交通拥堵引导）、自动泊车、高精度地图+高精度定位。

可以说，L3 阶段处于自动驾驶的承上启下的阶段，是自动驾驶技术中区分“有人”和“无人”的分水岭，是低级别驾驶辅助和高级别自动驾驶之间的过渡。

而自动驾驶所谓的“自动”和“无人”的技术核心，正是 AI。但今天，包括以自动驾驶著名的特斯拉，或者是其他自动驾驶技术企业，依然难以实现完全的自动驾驶，而是停留在 L3 阶段，难以进一步突破。

其中的关键就是汽车的智能系统与人的交互还是比较机械的，缺乏真正的“类人思维”。现有的自动驾驶算法更多地依赖规则和预设逻辑，例如，前面有一辆车，系统会按照固定的逻辑绕行或者减速。但在现实驾驶环境中，路况复杂多变，仅靠固定规则是远远不够的。如果这辆车缓慢行驶，自动驾驶系统则可能会犹豫不决——不知道应该等待它加速，还是直接变道绕行。又如，在拥堵路段，所有车辆都在相互“试探”该谁先走，而自动驾驶汽车过于谨慎，可能就会卡在原地，无法顺利通行。这也是自动驾驶汽车频出事故的主要原因之一。

大语言模型的出现，展示了训练机器拥有人类思维模式的可能性，即让 AI 具备了更强的上下文理解能力，并能在面对不确定情况时给出更符合人类思维逻辑的应对方案。对于自动驾驶来说，这种能力至关重要。如果 AI 能像人类一样，学会预判路况、理解驾驶习惯、适应不同的驾驶风格，就能让自动驾驶进入“2.0 时代”，即实现真正具备“人性化”决策能力的自动驾驶。

5.9.2　DeepSeek 加速实现自动驾驶

尽管大语言模型的出现，让自动驾驶有了新的突破，但想要实现自动驾驶仍然存在两个难题。一是自动驾驶 AI 需处理的实时信息远比语言 AI 复杂得多。语言 AI 主要处理文本，而自动驾驶 AI 需要同时整合多个数据源，如摄像头、激光雷达、GPS 等，相关数据需在极短的时间内被分析和处理，以便车辆系统作出即时决策。二是自动驾驶 AI 需在“有限数据”环境下学习。与互联网海量的文本数据不同，现实世界的驾驶数据往往受地域、天气、法规、驾驶文化等因素的影响，数据的收集和标注成本极高，因此自动驾驶 AI 需在有限的数据条件下，依然能够作出精准的判断。

在这样的背景下，DeepSeek 的开源模式就为自动驾驶提供了新的可能。DeepSeek 让自动驾驶公司能够在其基础 AI 模型上进行定制化训练，使 AI 更贴合特定的驾驶场景。例如，不同国家的交通规则和驾驶风格存在巨大差异，欧洲司机可能更注重礼让，美国司机更倾向快速通过，中国司机则可能更偏向灵活驾驶。借助 DeepSeek 开源模型，自动驾驶公司可以训练 AI 适应不同国家和地区的驾驶习惯，提高 AI 在真实驾驶环境中的适应能力。

总的来看，智能驾驶的本质由两部分组成：一是车辆本身的智能，二是基于大数据和实时路况的智能规划。而基于 DeepSeek 开源模型恰好可以赋能这二者的核心环节。

在车辆本身的智能方面，基于 DeepSeek 模型训练的 AI 可以帮助自动驾驶系统更精准地识别行人、车辆、红绿灯、标志标线等目标，提高感知能力，优化决策过程，使自动驾驶 AI 更接近人类的思维方式。在路况智能规划方面，基于 DeepSeek 模型训练的 AI 可以结合实时地图数据，预判前方道路是否会拥堵，自动推荐更优的行驶路线。

更重要的是，DeepSeek 提供的轻量化 AI 解决方案，使 AI 不再完全依赖云计算，而是可以直接在车载芯片上运行。这一点对于自动驾驶能力来说至关重要。传统的自动驾驶系统通常需要云计算支持，车辆在遇到复杂情况时，可能需要将数据上传至服务器进行处理，再返回决策结果。但这种模式存在一定的延迟，而在高速行驶的情况下，哪怕 0.1 秒的决策延迟都可能造成严重后果。

DeepSeek 让自动驾驶 AI 可以在本地完成计算，减少对云端的依赖，提高决策速度和系统稳定性。例如，车辆进入隧道或者信号不佳的偏远地区时，传统云计算 AI 可能会因为网络问题响应速度变慢，而 DeepSeek 轻量化 AI 允许车辆本地处理数据，保证自动驾驶系统的持续运行。

此外，DeepSeek 轻量化 AI 解决方案的出现，让自动驾驶系统的成本大幅下降，实现更快普及。传统的自动驾驶系统往往需要高性能 GPU 进行计算，导致整车成本居高不下，而基于 DeepSeek 模型训练的 AI 可以适应更低算力的芯片，在普通车载计算平台上运行，使自动驾驶技术能够更广泛地应用于中低端车型，而不仅仅是高端电动车。

这意味着，未来不只是特斯拉这样的高端自动驾驶车辆可以使用 AI 赋能驾驶体验，普通的家用车、出租车、物流车甚至无人配送车，都可以用上基于 DeepSeek 模型训练的自动驾驶 AI，降低自动驾驶的应用门槛，加速行业落地。

更进一步地，DeepSeek 甚至能让自动驾驶与智能手机端的 AI 生态形成联动。由于 DeepSeek 模型具备轻量化特性，它可以运行在智能手机端，而现代汽车越来越多地与手机进行互联，如 CarPlay、Hicar 等车载系统已经成为标配。如果 DeepSeek 模型可以在手机端运行，那么未来的自动驾驶系统就可以与手机 AI 进行实时交互，例如，用户可以在手机上设定驾驶偏好，这样自动驾驶 AI 就可以学习用户的习惯，甚至可以根据用户日常行程，提前规划出最优路线，实现真正的智能化驾驶体验。

5.9.3 车联网与智能交通的未来

车联网和智能交通管理是未来城市交通发展的关键方向，它们的核心目标是提高道路通行效率、降低事故率、减少交通拥堵，并优化能源消耗。DeepSeek 的开源模式和轻量化 AI 技术，为这一领域带来新的突破，让车辆与基础设施能够更加智能地协同工作，实现更加高效、安全的智能交通系统。

传统的车联网需依赖中心化的云计算架构，车辆需将数据上传至云端进行分析，再由云端向各个车辆、交通管理系统发送指令。这种模式虽然可以实现一定程度的智能化，但也存在诸多问题，如数据传输延迟、网络依赖性强、处理速度受限，以及云计算资源成本高昂等。

而 DeepSeek 轻量化 AI 的出现，提供了一种全新的思路——让 AI 直接在车载设备或边缘计算节点上运行，使车辆能够实时感知、分析和决策，从而实现更快、更精准的智能驾驶与交通管理。

具体来看，DeepSeek 轻量化 AI 可以赋能智能车辆之间的实时通信，让每辆车都成为一个智能体，能够自主判断路况、预测前方交通状况，并与其他车辆进行协同。例如，在高速公路上，一辆车检测到前方有事故发生，它可以立即通过 V2V（车对车通信）技术向后方车辆发送警报，而无须等待云端服务器的计算结果。这种本地 AI 计算能力的提升，会减少对远程服务器的依赖，使交通信息的传播速度大幅提高，提升了驾驶安全性。

同时，DeepSeek 轻量化 AI 还支持 ITS（智能交通管理系统），让城市交通管理更加高效。例如，AI 可以在交通信号控制系统中分析实时流量数据，动态调整红绿灯时长，使交通流量更加顺畅。

传统的红绿灯往往采用固定时间切换模式，而基于 DeepSeek 模型训练的 AI 可以结合道路摄像头、雷达数据、历史通行数据等信息，实时优化信号灯调度。例如，在早高峰时段，AI 可以分析当前区域的交通流量，自动延长主干道的绿灯时间，减少拥堵现象；在深夜时分，

AI 可以缩短红灯时间，提高通行效率。这种基于 AI 的智能信号控制，不仅缩短了不必要的等待时间，还降低了油耗和碳排放，推动了绿色出行的发展。

此外，DeepSeek 还能提升 V2I（车路协同）的智能化水平。在未来的智能交通系统中，路边基础设施（如信号灯、电子标识、收费站等）都可以配备 AI 计算单元，与车辆进行实时交互。

当然，未来的智能交通，不再仅依赖单一技术，而是集 AI、5G、物联网、大数据等多种技术于一体。其中，DeepSeek 的开源 AI 解决方案，将为智能交通系统提供灵活的定制能力，使政府、企业都能够训练出符合自己需求的 AI 模型。例如，城市规划部门可以利用 DeepSeek 开源模型预测未来的交通流量变化，制定更加合理的道路扩建和公共交通规划方案；电动汽车制造商可以利用 DeepSeek 开源模型预测车辆的电池续航情况，智能调度充电站，减少续航焦虑；智能网联汽车公司可以基于 DeepSeek 开源模型进行更高效的自动驾驶优化，提高车辆的行驶安全性和舒适度。

可以说，DeepSeek 使车联网和智能交通系统都能迈向更高的智能化水平。它不仅让自动驾驶变得更加安全、智能，还为整个交通体系带来了前所未有的优化可能。随着 AI 技术的持续发展，未来，DeepSeek 的开源模型将在智能交通领域扮演更加重要的角色，让城市交通更加智能、环保、高效，为全球出行方式带来真正的变革。

5.10 DeepSeek 在制造

制造业的智能化升级已经成为全球产业变革的重要趋势，从自动化生产到智能预测维护，再到供应链优化，每个环节都在向更高效、更精准、更智能的方向迈进。但传统的智能化改造往往需要高昂的投入，无论是数据采集、AI 训练，还是设备升级，都使许多中小型制造企业望而却步。现在 DeepSeek 的开源模型和轻量化部署方案，为制造业提供了一条更加灵活、低成本的升级路径，让更多企业能够真正享受到 AI 赋能带来的生产力提升。

5.10.1 智能化生产：优化工艺流程，提高生产效率

过去，企业想要利用 AI 进行生产优化，往往需依赖昂贵的云计算平台，或雇用专业的数据科学家进行复杂的 AI 训练，而现在，DeepSeek 让企业可以在本地服务器或边缘设备上运行 AI，大幅降低了智能制造的成本门槛，同时提高了 AI 在生产流程中的适应性和实时性。

特别是在精密制造领域，生产过程中涉及的工艺参数非常复杂，如半导体制造需要在极端精度下控制温度、湿度、气压等环境因素，而航空零部件的加工精度更是以微米级计算。传统的制造优化方式主要依赖经验丰富的工程师，他们通过长期积累的数据来调整工艺参数，但这种方法不仅依赖个体经验，而且难以精准预测问题的发生。

DeepSeek 可以在生产过程中实时采集数据，并通过机器学习建立动态优化模型，自动识别影响产品质量的关键变量。这样一来，经过专门训练的 AI 就可以检测到某条生产线上的温度波动超出安全范围，而

这些波动可能会导致材料变形，从而影响最终产品的精度。在传统模式下，这样的问题可能要等到质量检测环节才会被发现，而 AI 使工艺优化变得更加主动，可以在问题发生之前进行调整，从而降低废品率，提高良品率。

除精密制造外，DeepSeek 在流水线生产中同样能够发挥巨大作用。在大规模生产环境下，如何优化生产调度，最大化设备和人力资源的利用率，是制造企业关注的核心问题之一。传统的生产调度依赖人工计划，调度人员需要手动分析订单量、设备运行状态、库存情况、工人班次等信息，制订生产计划。这种方式不仅复杂，而且容易出错，尤其是在需求波动较大的情况下，调度不当可能会导致生产线的停滞或产能浪费。

DeepSeek 通过数据驱动的生产调度优化，就能够实时分析各类生产数据，并自动生成最优的生产计划。例如，在汽车制造行业，AI 可以分析每条生产线的当前负荷，动态调整订单分配，确保所有生产线的利用率达到最优状态；在食品加工行业，AI 可以结合原材料库存情况和市场需求，合理安排生产批次，减少存货积压，同时避免供应短缺。

不仅如此，DeepSeek 模型的轻量化特性，使企业可以直接在本地服务器或者边缘计算设备上运行 AI，而不必依赖云计算。这对于制造业来说尤为重要，因为制造企业通常需要处理大量的实时生产数据，而云计算的延迟性和网络依赖性可能会影响 AI 的决策效率。举例来说，在金属加工行业，激光切割机需要实时调整切割路径，以保证材料的利用率和切割精度。如 AI 依赖云计算，数据的传输延迟可能会影响切割质量，而本地运行的 DeepSeek 模型就可以直接在设备端进行计算，在毫秒级的时间内调整切割参数，提高生产效率。此外，DeepSeek 的轻量化 AI 解决方案也降低了制造企业的算力需求，即使是中小型工厂，也可以用普通的服务器部署 AI，提高生产智能化水平。

物通博联工程师团队就已基于国产芯片自主研发的物通博联 WEC 系列工控计算机，实现了 DeepSeek-R1 蒸馏模型的本地部署，通过将先进的 AI 模型直接部署于边缘设备，让边缘设备具备“类人化”的复杂决策能力，在边缘端进行实时的 AI 推理和决策，大幅提升边缘计算能力，使数据处理分析更高效，应急处理更及时，数据传输更安全。

未来，随着 AI 在制造业中的应用深入，DeepSeek 的 AI 解决方案还可以进一步扩展到智能工厂的全流程管理。例如，AI 可以结合 IoT（物联网）设备，建立智能生产监控系统，实时监测生产环境的变化，并通过自动调整生产参数，优化能源消耗、减少生产浪费。此外，AI 还能结合计算机视觉技术，实现自动化质量检测，在生产线上自动识别产品缺陷，减少人工质检的工作量，提高生产效率。

DeepSeek 的开源模式，让制造企业能够针对自己的生产需求，定制专属的 AI 解决方案，不必依赖通用的 AI 平台。这意味着，无论是大型企业，还是中小型制造商，都可以根据自己的生产特点，训练专属的 AI 模型，优化生产流程，降低成本，提高市场竞争力。随着 AI 在制造业中的深入应用，DeepSeek 可能成为推动制造业智能化升级的重要力量，让 AI 赋能制造业的每个环节，让智能制造真正实现高效、精准和低成本的目标。

5.10.2 智能预测维护：减少设备停机时间，延长使用寿命

在制造业中，传统的设备维护方式通常有两种：一种是定期维护，

即按照固定周期对设备进行检查和更换零部件；另一种是事后维修，即设备故障发生后才进行修复。这两种方式都有明显的弊端，定期维护可能导致不必要的检修和更换，增加运营成本，而事后维修会导致突发故障，影响生产计划，甚至造成严重的经济损失。但现在，通过机器学习和数据分析，一种更智能的维护方式——预测性维护——出现了，让企业能够提前发现设备的异常情况，在故障发生之前采取预防措施，避免生产中断。

在制造业的生产线上，各种设备（如机床、压铸机、注塑机、激光切割机等）都需长时间高强度运行，零部件的老化、过度磨损、润滑不足等问题，都会影响设备的稳定性。如不及时发现问题，设备可能会在生产过程中突然停机，影响整条生产线的正常运作。

预测性维护系统可实时监测设备的运行状态，采集温度、振动频率、电流波动、压力变化等数据，并利用 AI 模型分析设备运行趋势，预测潜在故障。例如，在某家汽车零部件制造厂，预测性维护系统监测到某台机床的振动模式发生了异常变化，并经过数据分析后认定，这可能是轴承即将磨损的早期信号。工厂的维护团队接到系统预警后，立即安排更换轴承，避免了机器在生产高峰期突发故障及可能的生产线停摆。

预测性维护不仅仅是简单的数据监测，还是基于深度学习的智能分析。传统的传感器只能检测是否出现异常，而预测性维护系统通过学习大量设备运行的数据，能够识别更复杂的模式。相比传统的定期维护，预测性维护的优势在于精准度和经济性。传统的定期维护往往采用“定期更换零件”的方式，许多零件即使仍然可以正常使用，也会被提前更换，造成不必要的维护成本。而预测性维护根据设备的实际状态进行精准判断，只在真正需要维护的时候要求检修和更换，这不仅节约了维护成本，也避免了不必要的停机时间。

DeepSeek 轻量化 AI 的特性使预测性维护不仅适用于大型制造企业，也适用于中小型企业。传统的预测性维护系统通常需要依赖云计算，企业必须将大量设备数据上传到云端进行分析，这不仅增加了数据传输的成本，还存在一定的网络延迟问题。而 DeepSeek 的轻量化 AI，可以直接在工厂的本地服务器上运行维护模型，甚至可以直接在设备端（如 PLC 控制器、工业计算机）上部署，让维护预测更加实时、精准，无须依赖外部云服务。这对于希望自主掌控生产数据的制造企业来说，极具吸引力。

例如，格创东智“章鱼 AI 大模型平台”就已与 DeepSeek-V3/R1 完成深度协同。接入模型后，“章鱼 AI 大模型平台”能够更快速地构建智能体知识库、智能体驾驶舱，实现智能化质量检测等，同时在处理复杂生产工况、工厂故障排查、自动派工、设备预测性智控、良率提升、能碳预测性管理等问题上，提出科学决策建议。

未来，随着 DeepSeek 模型在制造业的进一步应用，预测性维护系统的能力将不断提升。例如，系统可以结合 IIoT（工业物联网）数据，综合分析设备状态、环境温度、生产负荷等因素，优化维护策略，使预测性维护更加智能化。系统还能结合供应链数据，预测零部件的损耗周期，提前为企业优化备件库存，避免因为缺乏备件导致维修延误，提高维护工作的整体效率。

DeepSeek 的 AI 预测性维护方案，正在推动制造业从传统的“被动维护”向“智能预测”转变，让企业可以更高效地管理生产设备，降低运营成本，提高生产稳定性。这种 AI 赋能的方式，不仅提高了制造业的竞争力，还为智能制造的进一步发展奠定了坚实的基础。

5.10.3　供应链智能优化：提升库存管理和物流效率

供应链管理的核心挑战在于如何在市场需求波动和生产资源有限的情况下，保持稳定、高效运营。传统的供应链管理方式主要依赖历史数据分析和人工决策，但这一模式难以应对市场的快速变化，容易导致库存积压或供应短缺，从而影响生产和销售。而通过 AI 智能预测和优化算法，企业能够更精准地管理库存，优化供应链流程，提高整体运营效率。

在库存管理方面，基于 DeepSeek 模型的 AI 解决方案能够实时分析市场需求、原材料供应情况、订单数据等多个变量，预测未来一段时间内不同产品或原材料的需求趋势。

相比传统的人工管理模式，基于 DeepSeek 模型的 AI 解决方案能够动态调整库存水平，使企业的原材料和产品储备更加精准，避免了过度采购导致的资金占用，同时减少供应不足导致的订单延误。此外，AI 还能帮助企业制订更灵活的采购计划，根据市场需求变化自动调整采购策略。

以长虹供应链的“智慧大脑”为例，其接入 AI 能力后，取得了显著成果。在需求预测方面，精准度提升了 30%。工作人员仅需通过自然语言输入销售目标，系统就能自动生成多维度分析报告，为采购计划提供科学指导。以往采购计划的制订依赖人工经验，采购量常常出现偏差，现在借助 AI 的强大分析能力，采购计划变得更贴合实际需求。

除库存优化外，基于 DeepSeek 模型的 AI 解决方案还能提升物流管理和配送效率。传统的物流调度往往依赖人工经验，存在路径规划不够优化、车辆调度效率低等问题。而 AI 结合订单分布、交通状况、仓库位置等因素，可以自动优化配送路线，减少运输时间和成本。

在快消品行业，AI 还能帮助企业应对季节性需求变化。例如，饮料公司在夏季的销售量通常大幅上升，而冬季需求相对减少。AI 可以分析历史销售数据、天气预报、消费者搜索趋势等信息，提前预测下一季度的需求变化，并自动调整生产计划和物流配送方案，确保市场需求得到满足，同时避免库存积压。

更进一步地，基于 DeepSeek 模型的 AI 解决方案还能与智能仓储系统结合，实现更高效的仓储管理。在电商仓库中，AI 可以优化货物的存储位置，将高频出库商品放在靠近出货区的位置，减少拣货时间，提高配送效率。同时，AI 还能预测仓库的未来存储需求，自动建议仓库扩容或优化布局，以适应业务增长。

可以看到，DeepSeek 的开源 AI 模型和轻量化 AI 部署方式，使 AI 在制造业的应用更加普及和易用。传统的 AI 解决方案往往需要强大的计算资源和昂贵的云计算服务，而 DeepSeek 让制造企业可以在本地服务器甚至边缘计算设备上运行 AI，使 AI 的应用门槛大幅降低，进而使更多中小型制造企业也能够享受 AI 赋能带来的红利。

未来，随着 AI 技术的不断进步，制造业将进一步向智能化、自动化方向发展。AI 将不仅是一个工具，更是一个可以不断学习和优化的智能伙伴，而 DeepSeek 能够帮助制造企业实现从生产、维护、供应链管理到定制化服务的全链条智能升级，助力制造业真正迈入 AI 时代。

可以预见，DeepSeek 的开源模型将加速推动人类进入真正的 AI 时代，一个人人可定制私有模型的 AI 时代。AI 技术所引发的时代巨变已经来临，未来将属于积极拥抱并率先落地 AI 应用的企业与个人。

新的挑战，新的机遇

6.1　算力瓶颈：AI 创新的“天花板”

当前，AI 正在以惊人的速度蓬勃发展，特别是 DeepSeek 模型的兴起和开源，极大地推动了 AI 技术在各行各业的快速应用与落地。DeepSeek 作为轻量化 AI 解决方案的代表，在降低 AI 计算成本方面取得了显著突破，然而它依然面临算力挑战。算力，作为 AI 发展的核心驱动力之一，对于所有 AI 应用的进一步拓展与能力深化至关重要。如果没有足够的算力支持，即便是当前已经实现轻量化的 DeepSeek，其规模化应用与响应速度也依然会受到限制。

6.1.1　测试突围不等于真正应用

AI 创新发展的核心要素一直没有变，即算力、算法、数据。而当前 AI 发展的最大瓶颈就在于算力，尤其是大模型的计算需求已经远远超出了现有硬件的承载能力。以 GPT-4 为例，这种超大规模的 AI 模型需要依托数千块高端 GPU 进行训练，整个训练过程的成本可能高达上亿美元。这不仅是经济成本的问题，更是全球计算资源限制的现实挑战。

由于 AI 计算需求的指数级增长，GPU 供应不足已成为制约 AI 行业发展的关键因素。这导致许多 AI 公司即使拥有优秀的算法，也无法负担训练和运行超大模型所需的高昂成本。

DeepSeek 通过轻量化设计和模型蒸馏技术显著降低了 AI 的算力需求，使 AI 能够在更低配置的计算环境下运行。这种轻量化 AI 的优势显而易见，它极大降低了 AI 技术的使用门槛，使得中小企业和个人开发者都可以负担得起AI技术的应用，而不需要依赖昂贵的云计算资源。DeepSeek 的蒸馏技术本质上是通过压缩大模型的参数，将冗余部分去除，同时保留模型的核心能力，实现在尽可能少的计算资源下运行 AI 的目标。但这种轻量化设计并不能彻底解决 AI 规模化落地的问题，也就是说，尽管 DeepSeek 通过优化降低了 AI 的算力需求，但在高并发请求、大数据处理和复杂任务推理场景下，算力仍然是绕不开的挑战。

这里就要讲到一个问题，就是突围测试和真正应用的差别。AI 的发展不仅是在技术层面上寻求突破，更重要的是如何实现真正的规模化应用。

许多 AI 模型在测试环境下表现得非常出色，但一旦进入实际应用场景，问题就开始显现。这是因为测试环境和真实世界的应用场景存在巨大差异。在测试环境中，AI 系统只需要处理标准化的数据集，变量可控，训练数据和测试数据间相匹配，优化也只针对特定的测试指标进行。

然而，在真实世界的应用场景中，AI 系统需要面对复杂多变的环境，包括用户提问的随机性、实时数据的动态变化、网络波动导致的计算延迟等。这些问题都要求 AI 具备强大的实时计算能力，而这就回到了算力这一 AI 领域的基础设施问题。

DeepSeek 模型在测试环境中的表现确实优秀，但当真正进入大规模应用阶段时，许多用户发现其依然存在不足。例如，在与 DeepSeek 聊天时，经常遇到“服务器繁忙”的提示，并且在长文本处理任务上存在明显局限，无法保持连贯的上下文对话。这些问题的根本原因仍然是算力瓶颈，即 DeepSeek 目前的算力还不足以支持爆发式的大规模长文本处理和高并发交互。

算力不足不仅会限制 AI 的应用范围，也会影响 AI 在各行各业的深入落地。对于医疗行业来说，智能诊断 AI 需要处理大量医学影像，但如果算力受限，分析速度就会变慢，影响医生的决策效率。AI 问诊更是如此，它不只是一对一地问诊，而是要同时应对不可知的患者数量，如果没有足够的算力保障，可能会出现在线响应速度迟缓。对于法律行业来说，AI 在解析复杂的法律文书、对比判例、提供法律建议时需要强大的算力支持，算力不足可能导致查询速度过慢，甚至无法处理大篇幅合同，从而影响法律服务的效率和质量。金融行业同样面临类似问题，高频交易和市场预测都依赖 AI 的高速计算能力，如果算力不足，AI 可能无法在关键时刻提供实时交易建议，影响市场决策的准确性和时效性。而在自动驾驶领域，车辆需要 AI 在毫秒级别内做出决策，以确保驾驶安全。算力不足可能导致决策迟缓，增加交通事故风险。

这就让我们看到，算力依然是 AI 能否真正落地的刚需。如果没有足够的算力支持，AI 就无法支撑复杂的任务，也难以真正进入日常生活。虽然 DeepSeek 通过轻量化设计降低了 AI 计算成本，但算力问题依然是制约 AI 行业发展的天花板，决定了 AI 能够走多远、能够覆盖多少应用场景。只有解决了算力问题，AI 才能真正迎来全面的规模化落地。

6.1.2 DeepSeek 加剧算力之争

在 AI 发展史上，计算成本一直是横亘在技术创新与商业化落地之间的最大障碍。DeepSeek 通过工程优化和轻量化设计，让 AI 变得更高效、更经济，但“成本创新”并不意味着可以削减算力需求。

事实上，DeepSeek-R1 的训练成本虽然大幅降低，但依然遵循 AI 发展的扩展法则（Scaling Law），即模型性能与算力需求正相关。换句话说，DeepSeek 让 AI 变得更高效，但它无法让 AI 变得“低算力”。高性能 AI 仍然需要大规模算力支持，而 DeepSeek 提供的只是更具性价比的解决方案，而非绕开算力限制的终极路径。

过去的 AI 模型受限于架构和算法，算力投入与性能提升的比例并不理想，从而制约了 AI 的发展。DeepSeek 通过实施更先进的模型优化策略，显著提升了性能增长效率，实现了每单位算力带来更大增益的突破。企业在看到 DeepSeek 更高效的 AI 训练后，不会减少算力投入，反而会加大投资，以期获得更为卓越的模型性能。因此，DeepSeek 的优化并没有减弱 AI 行业对算力的需求，反而加剧了对高性能计算资源的竞争。

目前，DeepSeek 暂停 API 充值服务，一度引发用户对其算力资源是否充足的广泛讨论，而这加速了本地部署 AI 的兴起。本地部署正逐渐成为与云端部署并行的第二战场。以往，AI 计算高度依赖云端算力，但由于数据安全、成本和响应速度等问题，越来越多的企业和开发者开始转向本地部署 AI，即让 AI 在本地设备上运行。

例如，微软率先宣布推出针对神经处理单元（NPU）进行优化的 DeepSeek-R1 模型，并将其直接集成至 Windows11 Copilot+PC 中，此举使开发者可以便捷地在本地环境中运行 AI 应用。而英特尔的 Ultra 系列处理器也已成功实现 R1-7B 模型的本地推理功能，且延迟时间严格控制在 300 毫秒以内，这一突破大大提升了 AI 的实时响应能力。在国内，华为、阿里等科技公司纷纷部署 DeepSeek 模型，甚至腾讯的“元宝”大模型和百度的“文小言”大模型也宣布接入 DeepSeek-R1，以优化其 AI 服务。

这一趋势表明，AI 正在从“云端垄断”向“端侧普及”转变。过去，AI 计算被少数科技巨头控制；而如今，DeepSeek 通过轻量化 AI 解决方案让更多企业具备了自研 AI 的能力。这不仅提升了 AI 的普及度，也在无形中削弱了 OpenAI、谷歌等公司在 AI 市场的垄断地位。当然，这并不意味着算力焦虑会消失，相反，本地部署 AI 的兴起将推动算力需求进一步扩张，各大企业仍然会继续加码 GPU 采购，以确保 AI 计算资源的可用性。

显然，DeepSeek-R1 的出现，不仅证明了算法优化和工程创新的重要性，还展示了“轻量级颠覆”的可能性。它让 AI 变得更加普惠，使中小企业也能拥有自己的 AI 能力，但这并不意味着 DeepSeek 终结了算力竞赛。相反，算力依然是 AI 发展的核心驱动力。在这场没有终点的 AI 竞赛中，或许，AI 计算资源的争夺战，才刚刚开始。

6.1.3　突围 AI 算力之困

尽管 AI 模型的爆发对算力提出了越来越高的要求，但受到物理制程等技术的约束，算力的提升却是有限的。

1965 年，英特尔联合创始人戈登·摩尔（Gordon Moore）预测，集成电路上可容纳的元器件数目每隔 18～24 个月会增加一倍，这一趋势被称为摩尔定律。摩尔定律归纳了信息技术进步的速度，对全球科技产业产生了深远影响。然而，经典计算机在延续摩尔定律的道路上，终将受到物理限制。

在计算机的发展过程中，晶体管越做越小，其间的隔离层也变得越来越薄。当其厚度达到纳米级别，如 3 纳米时，隔离层只有十几个原子构成。在微观体系下，电子会发生量子隧穿效应，导致晶体管不能很精准地表示“0”和“1”，这也就是通常所说的摩尔定律碰到天花板的原因。尽管研究人员也提出了更换材料以增强晶体管内阻隔性的方案，但客观的事实是，无论用什么材料，都无法从根本上阻止电子隧穿效应。

此外，由于可持续发展和降低能耗的迫切需求，单纯通过增加数据中心的数量以应对算力短缺问题，已不再是一个切实可行的方案。

在这样的背景下，量子计算成为大幅提高算力的重要突破口。

作为未来算力跨越式发展的重要探索方向，量子计算具备在原理上远超经典计算的强大并行计算潜力。经典计算机以比特（bit）为存储信息的最小单位，一个比特表示的不是“0”就是“1”。

但是，在量子计算机里，情况会变得完全不同。量子计算机以量子比特（qubit）为存储信息的基本单位，量子比特可以处于“0”和“1”的叠加态，并通过量子纠缠相互作用，使量子计算机能够并行处理大量信息，实现计算能力的指数级增长。

可以说，量子计算机最大的特点就是速度快。以质因数分解为例，每个合数均可表示为若干质数的乘积，这一过程称为分解质因数。例如，6 可以分解为 2 和 3 两个质数；然而，如果数字很大，质因数分解就变成了一个很复杂的数学问题。1994 年，为了分解一个 129 位的大数，研究人员同时动用了 1600 台高端计算机，并耗时 8 个月的时间才成功；但使用量子计算机，只需要 1 秒就可以破解。一旦量子计算与 AI 结合，将产生前所未有的价值。

从实用性看，如果量子计算可以有效融入 AI 领域，在强大的运算能力下，量子计算机有能力迅速完成电子计算机无法完成的计算，这种在算力方面的飞跃，可能会彻底打破当前 AI 的算力瓶颈，并促进 AI 能力的再一次跃升。

由于 AI 在训练和推理过程中产生的数据量与 AI 对算力的要求，并非遵循传统的每隔 18～24 个月增加一倍的规律，而是会按照更快的次方速度递进。这意味着，基于当前半导体技术的电子计算机已经无法满足可预见的 AI 应用的算力需求，量子计算将会成为推动 AI 发展与竞争力提升的下一个关键技术。

6.2　数据红利：高质量数据的价值凸显

数据是 AI 发展必需的“养料”，不过，以前的 AI 训练主要依靠大规模数据的积累，业界普遍认为只要数据够多，AI 就能学得更好。但事实证明，大数据并不等于好数据，数据的质量才是决定 AI 训练效果的关键。

DeepSeek 的成功就进一步验证了这一观点。它通过采用高效的轻量化 AI 训练方法，证明了高质量数据比单纯的大规模数据更重要——在 AI 训练进入深水区的今天，如何有效地获取、清理、优化及标注数据，已成为提升 AI 竞争力的核心。

6.2.1 大数据≠好数据

在 AI 发展的初期，行业普遍信奉“数据越多越好”，认为只要收集足够庞大的数据集，AI 的性能就能得到最大化提升。因此，科技公司纷纷投入巨资，从社交媒体、新闻网站、学术期刊、企业数据库等各种渠道抓取海量信息，以期获取尽可能多的数据构建更强大的 AI 模型。

然而，随着 AI 训练技术的不断进步，“大数据至上”的观念逐渐发生转变。DeepSeek 的实践表明，数据的质量比数据的数量更重要，真正影响 AI 训练效果的，不只是数据的数量，更是数据的精准度、可靠性和多样性。

在 AI 训练中，如果输入的数据充满噪声、错误、偏见和重复信息，那么 AI 的学习效果就会受到影响。最典型的例子就是社交媒体数据。作为 AI 训练的常用数据源之一，社交媒体中充斥着大量未经核实的信息，如虚假新闻、误导性言论，以及带有强烈主观情绪的内容等。如果这些信息未经筛选就用于 AI 训练，那么 AI 可能会生成带有错误信息的输出结果，甚至放大偏见和误导性观点。这正是许多 AI 聊天助手在回应社会敏感话题时容易出现偏颇或错误答案的原因。

此外，对非结构化数据的处理也是 AI 训练中的一项挑战。AI 训练所用的数据来自各种数据源，而如果数据格式混乱、不统一，就需要消耗大量的计算资源进行整理和预处理，最终导致训练效率下降。例如，企业数据库中存储的合同、报表、客户信息等数据，往往来自不同的系统，格式各异，如果没有经过严格的数据清洗，直接用于 AI 训练，可能会导致 AI 无法有效提取关键信息，影响其对商业决策的支持能力。

DeepSeek 采用了一种不同的策略，它并非一味追求“大量数据”，而是着重强调“高质量数据”。DeepSeek 特别将数据标注视为提升模型性能的核心工作之一。与许多 AI 企业不同，DeepSeek 并不仅依赖算法的优化和数据的积累，还深入数据标注的每一个环节，确保每一条数据的精准性和有效性。为此，梁文锋亲自参与数据标注工作，确保每一条数据都经过严格审核。此外，DeepSeek 并非简单地依赖普通标注员，而是邀请具有深厚行业经验的专家参与标注工作。借助数据清洗和数据优化技术，DeepSeek 剔除了重复、低质量、噪声数据，从而使 AI 在更少的数据量下获得更高的学习效率。正是这种对数据精准度的高度重视，让 DeepSeek 能够在 AI 领域脱颖而出。

在这种背景下，AI 训练的重点不再是尽可能地投喂更多的数据，而是如何筛选、清洗和优化已有数据，确保 AI 只学习真正有价值的信息。这不仅能提高 AI 的智能水平，也能让 AI 训练更加高效，减少算力消耗，推动 AI 技术更广泛地落地应用。

6.2.2　AI 训练的“数据荒”

AI 训练的“数据荒”，即高质量大数据的短缺，正在成为制约 AI 发展的新瓶颈。虽然 DeepSeek 等 AI 研究机构已经证明了高质量数据比大规模数据更重要，但这并不意味着数据量本身不再重要。相反，在训练更强大的大模型时，仍然需要庞大的数据支撑，如何获取高质量的大数据成了新的核心挑战。

微软研究院的最新研究表明，为了维持 AI 模型的性能增长，到 2026

年，预计全球范围内需要 430EB（艾字节）的高质量训练数据。这是什么概念？这个数据量相当于人类历史上所有书籍、论文、新闻、网页内容等文字资料总和的 2300 倍。换句话说，即使把整个互联网的信息都翻一遍，也远远不能满足 AI 持续进化的需求。这种高质量数据的短缺，将直接影响 AI 的训练效果，并限制 AI 的发展。

随着高质量数据重要性的日益凸显，现在，各大科技公司都在投入巨资抢占数据资源，谷歌、OpenAI 等 AI 领域的头部公司已经开始收购各种高质量数据源，包括新闻数据库、学术出版物和企业数据库等。

以新闻领域为例，AI 在处理新闻整理、政策解读、财经分析等任务时，往往需要最新的事实信息，因此，其推理数据必须具备实时性。为满足这一需求，科技公司就要购买全球各大权威媒体如《纽约时报》《经济学人》《华尔街日报》等的新闻数据库访问权。这样，AI 在推理过程中就可以依据最准确、最权威的新闻内容，而不是依赖可能存在偏见或错误的社交媒体数据。

学术领域同样如此。研究性 AI 需要高质量的学术知识，而许多科学、医学、工程等领域的研究内容并不公开，被严格保存在学术期刊和专利数据库之中。为了确保 AI 更精准地理解科研内容，OpenAI、DeepMind 等机构已经开始购买大量学术论文的数据访问权限，如来自 Springer、Elsevier、IEEE、Arxiv 等学术出版商的数据资源。这些高质量的学术数据，可以让 AI 具备更强的逻辑推理能力，甚至能够帮助科学家发现新的研究方向。

为了应对高质量数据短缺的问题，AI 生成数据，即让 AI 生成自己的训练数据，也逐渐得到关注。虽然 AI 生成数据在一定程度上可以缓解数据短缺的问题，但它仍然需要依赖原始高质量数据进行初始训练。这意味着，数据的原始质量仍然是 AI 发展的关键。

可以说，在 AI 发展的新阶段，企业的核心竞争力不再只是技术和算法，而是能否获得和掌握足够高质量的数据。

6.2.3　数据标注行业兴起

高质量数据是 DeepSeek 大模型取得卓越表现的关键因素，它不仅提升了模型的准确性、可靠性、泛化能力，还优化了训练效率。这也促使数据清洗和数据标注行业成为 AI 发展的新风口。可以预见，随着数据质量重要性的进一步凸显，数据清洗和数据标注行业还将迎来爆发式发展。

数据清洗的核心任务是去除 AI 训练数据中的错误、重复和不相关信息，并确保所有数据格式统一、标准化。这看似只是数据处理的基础环节，但其重要性远超想象。如果训练数据质量不高，模型的输出结果就可能充满偏差，甚至完全不可用。

数据清洗的第一步是去除冗余数据。在 AI 训练过程中，数据来源可能存在重复。特别是在爬取互联网数据时，一篇文章可能会出现在多个网站。并且，部分数据还是低质量的机器生成内容。如果 AI 反复学习这些冗余数据，不仅会浪费计算资源，还可能导致模型在同一信息上过度拟合，影响其泛化能力。因此，数据清洗的第一步是为去重和筛选，以确保用于 AI 训练的每一条数据都是独特且有价值的。

数据清洗还要对数据格式进行标准化处理，AI 需要结构化的数据来进行有效的训练，而现实中的数据往往呈现多样性和不一致性。例如，不同数据库中的日期格式可能不同，有的写作“2025/01/01”，有的写作“Jan1，2025”；同一个商品的名称可能在不同平台上存在差异，如“iPhone 15 Pro Max”和“Apple 15 Pro Max”。这些细微的不同如果不进行处理，就可能导致AI模型在训练过程中出现误判或者难以有效关联相关数据。数据清洗通过实施格式统一和结构化整理，让AI的训练过程更加顺畅。

当前，许多AI公司已经开始组建专业的数据清洗团队，或者直接寻求第三方数据清洗服务，以确保训练数据的质量足够高。这一趋势推动了数据清洗行业的兴起，也促使AI训练的方式发生根本性转变——不再依赖“大规模数据”，而是依赖“高质量数据”。

如果说数据清洗是让AI训练的数据更加干净，那么数据标注就是让AI训练的数据更加“有意义”。标注数据的质量，直接影响AI在现实场景中的表现。

以文本标注为例，在处理文本数据时，需要对数据进行结构化标注，以便AI更好地理解文本内容。例如，在情感分析任务中，需要给AI训练的文本加上情感标签（如“积极”“消极”“中立”）；在NLP（自然语言处理）任务中，需要给文本加上关键词、实体名称、语法结构等标注，帮助AI理解文本的真正含义。这类文本标注，已经广泛应用于智能客服、搜索引擎、情感分析等AI领域。

在图像标注领域，计算机视觉作为AI最重要的应用领域之一，其能力的提升高度依赖大量经过标注的图像数据。这一点在自动驾驶领域尤为突出。自动驾驶系统的训练需要大量的驾驶数据，这些数据不仅包括车辆行驶过程中的图像和传感器数据，还包括驾驶员在不同情况下的反应和决策。特斯拉在自动驾驶技术的研发初期，就认识到，数据标注不仅在于数量，更重要的是标注的质量和专家的深度参与。特斯拉为其自动驾驶系统的训练选择了具有丰富驾驶经验的标注员，这些标注员不仅能准确理解驾驶环境中的复杂因素，还能提供高质量的标注信息。数据标注的“丝滑度”即模型反应的自然度和流畅度，直接影响自动驾驶系统的表现。

随着 AI 时代的深入，数据标注已经不再是简单的人工劳动，而是 AI 训练过程中不可或缺的一部分。拥有最优质标注数据的 AI 项目，将在竞争中占据显著优势。这也是为什么许多 AI 公司开始投入大量资源，建立自己的数据标注平台，或者直接与专业的标注公司合作，以确保 AI 训练数据的高质量。

未来，随着 AI 训练对数据质量的要求越来越高，数据清洗和数据标注行业将迎来更大的发展机遇。可以说，AI 训练的竞争，不仅是科技公司的竞争，也是数据产业的竞争。谁能提供最高质量的数据，谁就能在 AI 时代占据领先地位。

6.3　创新浪潮：DeepSeek 会被淹没吗

AI 领域的竞争，从来没有真正的赢家。一款产品的领先地位往往是暂时的，每一次技术迭代，都可能颠覆整个市场格局。DeepSeek 模型作为开源 AI 领域的代表性产品，在短时间内取得了巨大突破，并迅速获得了广泛的应用。然而，这并不意味着它会一直稳坐行业前排——对 DeepSeek 而言，真正的挑战或许才刚刚开始。

6.3.1 开源下的竞争压力

AI 领域竞争的加剧是不可避免的。从国际市场来看，OpenAI、Anthropic、谷歌、Meta、微软等明星企业和科技巨头正加速推出新一代 AI 产品。在开源 AI 领域，Mistral、Llama、Falcon 等模型持续优化，不断缩小与商业闭源模型之间的差距。DeepSeek 作为开源 AI 领域中的一匹黑马，凭借轻量化、可定制的特点赢得了市场关注，但这并不意味着它能够一直处于领先地位。

事实上，AI 领域的竞争从来都是一个不断迭代的过程，一旦某种技术路径被证明可行，就会迅速被同行复制、优化，并在短时间内推出性能更优、效率更高的改进版本。2022 年，Meta 的开源模型 Llama 一经推出就迅速成为行业标准，而仅仅几个月后，Mistral AI 就推出了更轻量化、推理速度更快的 AI 模型。DeepSeek 模型作为一个开源项目，本身的架构、优化思路、训练数据、技术实现都可以被同行借鉴，这就意味着任何一家 AI 研究机构或科技公司，都可以在 DeepSeek 模型的基础上进行优化，推出性能更强的产品。

这种现象在 AI 领域并不新鲜，如 OpenAI 的 GPT-3 发布后，国内外的 AI 研究机构纷纷推出自己的类 GPT 模型，而 Llama-2 公开后，各种基于 Llama-2 的变种 AI 层出不穷。DeepSeek 也难以避免这一命运，竞争者完全可以基于 DeepSeek 的开源架构，推出计算效率更高、运行成本更低、推理能力更强的模型，最终在市场上取代 DeepSeek 现有的优势地位。

长远来看，DeepSeek 可能会面临被自身的开源生态所吞噬的风险，因为它所推动的 AI 技术的普及，最终会催生出大量的竞争者。这些竞争者未必会继续依赖 DeepSeek，而可能会打造自己的 AI 体系。

这意味着，DeepSeek 的成功，并不能保证它可以长期保持领先地位。如果它不能在不断加速的 AI 竞赛中持续优化自己的技术，构建更强大的生态系统，那么它的市场主导地位就可能在下一波技术革新中被更高效、更先进的 AI 企业所取代。对 DeepSeek 而言，真正的挑战并不是当前的市场竞争，而是如何在未来的技术演进中，找到持续领先的突破点。

6.3.2 DeepSeek 如何保持竞争力

在 AI 竞争日益激烈的环境下，DeepSeek 想要长期保持竞争力，必须在多个关键方面持续突破。

一是保持技术迭代的速度，这也是 DeepSeek 保持竞争力的核心。AI 领域的技术革新速度极快，每隔几个月就会出现新的优化方案或更高效的架构。DeepSeek 作为开源 AI 解决方案的领导者，必须持续优化自身的技术架构，确保不被后来的创新者轻易超越。开源的优势在于共享知识、推动行业进步，但领先者仍然需要建立创新壁垒，包括优化算力效率、提升模型鲁棒性、增强多模态能力等。DeepSeek 利用蒸馏技术进一步降低模型的计算资源需求，让 AI 能够在更广泛的设备上运行，同时保持优越的推理能力。而随着多模态（文本、语音、图像、视频融合）AI 的发展，DeepSeek 也需要积极拓展这一方向，确保其 AI 具备更强的泛化能力，以适应未来复杂的智能应用需求。

二是深化行业落地能力。DeepSeek 需要更积极地拓展 AI 在各行各业的应用场景，使其深度融入产业，提高商业价值。对于医疗、法律、金融、教育等AI变革最显著的领域，DeepSeek完全可以进行深度优化。例如，在医疗领域，DeepSeek可以提供专门针对医学影像分析和疾病预测的AI解决方案；在法律领域，它可以帮助律师事务所优化法律文书处理，提高案件分析效率；在金融领域，它可以用于风险评估、反欺诈检测，提升金融决策的精准度。通过深入行业应用，DeepSeek未来可以形成垂直领域的AI解决方案，使其AI具备特定行业的专业知识，从而构建难以被取代的竞争壁垒。

在AI生态竞争中，单个模型的能力已经不再是唯一的竞争力，构建强大的AI生态系统，往往比单点技术领先更重要。DeepSeek可以通过建立开源社区、构建合作伙伴网络、提供企业级定制化AI解决方案等方式，增强自身在AI产业中的话语权。例如，DeepSeek可以推出面向开发者的AI训练平台，让更多企业和个人能够轻松训练自己的专属AI模型，从而在DeepSeek生态体系内发展自己的应用。

三是完善开发工具和基础设施。DeepSeek需要确保其API、SDK（软件开发工具包）和AI开发环境足够友好，让企业能够更加无缝地集成其AI解决方案。通过建立强大的生态系统，即使未来出现更强的AI模型，DeepSeek也仍然可以依靠自身行业影响力保持市场竞争力。

AI普及化的趋势不可逆转，未来AI的发展将不再局限于超大规模云计算，而是向本地化、边缘计算、低算力环境扩展。因此，DeepSeek需要进一步降低AI计算成本，确保AI能够更加普惠化，成为中小企业、个人开发者都能负担得起的生产力工具。

可以说，未来的AI竞争不仅是技术的较量，更是行业渗透、生态构建和普惠化应用的比拼。DeepSeek 作为开源 AI 解决方案的推动者，已经在 AI 轻量化、开源生态和行业应用方面取得了重要突破，但这只是其 AI 竞赛的起点。未来的 AI 行业，拼的不仅仅是谁能先做出一个强大的 AI，而是谁能将 AI 深度融入产业，构建真正不可替代的智能生态系统。

6.4　轻量化 VS 大而全，如何抉择

AI 发展到今天，已经走到了一个十字路口——DeepSeek 作为轻量化模型的先行者，也引发了 AI 行业“大规模通用模型”与“轻量化模型”的讨论，那么，未来的 AI 行业，到底是继续推行大规模通用模型，还是转向垂直精细化的轻量化模型？

6.4.1　两种发展路径的对决

大规模通用模型和轻量化模型代表了 AI 发展的两条不同路径，各自都具有明显的优势和局限性。从当前行业的发展趋势来看，大规模通用模型更倾向成为一个“全能型 AI”，覆盖各种任务；而轻量化模型则注重在特定场景中提供高效、低成本的解决方案。两种发展路径，不仅关乎 AI 技术本身的发展方向，更涉及企业如何选择合适的 AI 解决方案，以及 AI 未来如何走向真正的大规模应用。

大规模通用模型的核心优势在于其强大的泛化能力，这使得它能够适应各种不同的任务。从 OpenAI 的 GPT 系列、Anthropic 的 Claude、谷歌的 Gemini，到国内的“通义千问”和“文小言”，这些大模型的目标都是成为通用 AI 模型，并在不同行业和不同任务中发挥作用。由于

这些模型是在超大规模数据上进行训练的，因此它们能够掌握更丰富的知识，具备跨领域的推理能力，并能够生成高质量的文本、代码、图像和语音内容。

研究发现，当 AI 模型的参数量达到一定规模后，会产生“涌现能力”，即 AI 开始展现出远超预期的推理能力，能够理解复杂的逻辑关系，甚至在未明确训练过的领域都能推理出新知识。这也是大规模通用模型备受青睐的原因之一，可以说，它们不仅是工具，更是一个通用型智能体，可以适应不断变化的任务需求。

大规模通用模型的另一大优势在于其广泛的行业覆盖性。由于其强大的学习能力，各个行业的企业可以直接调用大模型的 API，而不必自己训练 AI。这种“云端 AI 即服务”的模式，使得大规模通用模型能够快速渗透到各个领域，成为 AI 生态的基础设施。

然而，大规模通用模型也面临着显而易见的挑战。除了需要高昂的算力支持，大规模通用模型在处理数据时，仍然存在“机器幻觉”问题，即可能会生成看似合理但实际上错误的内容。这在医疗、法律、金融等高精度行业中尤为致命，因为错误的信息可能导致严重后果。事实上，机器幻觉的成因在于大规模通用模型的“过度泛化”特性，由于大规模通用模型通常拥有数千亿甚至上万亿个参数，在训练过程中会学习到非常复杂的语言模式，使模型能够“推测”出符合语法和上下文逻辑的内容，即使这些内容并不真实。

由于大规模通用模型通常需要依赖云计算平台，它难以直接部署在本地设备上，这限制了其在隐私保护要求高、低延迟计算场景中的应用，如智能家居、边缘计算、自动驾驶等。

相比之下，轻量化模型更关注实际应用场景，DeepSeek 作为轻量化模型的推动者，选择了优化算力成本，提高模型部署的便捷性。轻量化模型最大的特点是计算资源需求较低。DeepSeek 采用蒸馏技术对大模型进行优化，使其在更小的参数规模下，依然能够保留较强的智能，从而使 AI 可以在本地设备或中小型服务器上运行，而不需要强依赖云端算力。对于许多企业来说，这意味着 AI 应用成本大幅降低，中小企业也因此能担得起部署 AI 的费用。

轻量化模型另一个重要的优势是它可以专注垂直领域。不同于大规模通用模型的“全能型”设计，轻量化模型更倾向于在某些特定行业进行深耕。由于轻量化模型具备更强的针对性，它在行业中的表现往往更加精准，也更容易获得企业的认可。

此外，轻量化模型由于参数量较少，在推理速度上具有明显优势。相比大规模通用模型依赖云计算平台，轻量化模型可以直接在终端设备上运行，从而减少数据传输的延迟，提高响应速度。例如，在自动驾驶领域，AI 需要实时处理来自传感器的数据，并快速做出决策。如果使用云端大模型，数据传输的延迟可能会导致安全隐患，而轻量化模型可以在本地运行，提高自动驾驶系统的实时性和稳定性。

然而，轻量化模型也存在一定的局限性。首先是智能程度受限。如果只是采用蒸馏技术缩小模型规模，而不是从基础上优化架构，那么轻量化模型可能无法达到大规模通用模型的智能水平，导致其在某些复杂任务上能力不足。其次是轻量化模型会存在比大规模通用模型更加严重的“机器幻觉”问题。

6.4.2 两难之间的平衡点

可以看到，大规模通用模型和轻量化模型各有优劣，对于 DeepSeek 来说，想要在 AI 发展的激烈竞争中获得一席之地，必然需要找到一个最优策略，实现既能保持轻量化模型的高效和低成本优势，在智能水平上不断进化，又能不被其他大规模通用模型所淘汰。因此，未来的 AI 发展方向可能不会是轻量化模型与大规模通用模型的对立，而是两者融合，形成更加灵活、适应市场需求的混合模式。

这意味着，DeepSeek 在开发轻量化模型的同时，还需要增强模型的智能水平。目前，DeepSeek 主要依靠蒸馏技术缩小模型规模，这种方式虽然能够减少计算资源的消耗，但如果仅仅依靠蒸馏技术，而不继续对底层模型架构进行优化，那么长期来看，轻量化模型的智能程度会落后于大规模通用模型。

另外，相比大规模通用模型的“通用性”路线，轻量化模型还需要在特定行业形成独有的竞争壁垒，确保其在某些领域的不可替代性。例如，在企业智能应用上，DeepSeek 可以帮助企业构建本地 AI 助手，让 AI 深度融入办公自动化流程，同时避免企业数据泄露风险。通过不断优化垂直领域的 AI 能力，DeepSeek 能够在特定行业建立强有力的市场壁垒，使其轻量化模型具备难以被取代的优势。

此外，能够结合边缘计算与本地部署，是轻量化模型相比大规模通用模型的最大优势之一。由于大规模通用模型往往依赖云计算平台，而轻量化模型更适合本地部署，DeepSeek 可以充分利用这一点，打造终端 AI 生态。例如，在 PC 端部署 AI，使其能够直接运行在个人计算机上，而无须依赖云端服务器，这类似于微软在 Windows11 Copilot+PC 上集成了 AI 助手。如果 DeepSeek 未来能够通过优化，使其 AI 在消费级 PC 上流畅运行，那么它将成为“个人 AI 助手”市场的一个重要竞争者。此外，DeepSeek 还可以在智能家居设备、智能手机、工业自动化设备等智能硬件上进行 AI 部署，提高本地计算能力，让 AI 具备更强的隐私保护和实时交互能力。

更进一步，DeepSeek 或许还要考虑兼容大规模通用模型和轻量化模型的混合模式。在这种模式下，对于需要强大计算能力的任务，如高级推理、复杂问题分析，DeepSeek 可以调用云端的大规模通用模型进行处理，而对于日常交互、简单问题，则可以让本地轻量化模型进行处理。这样既能加快 AI 的响应速度，又能降低云计算成本，提高 AI 的普及性。

无论是 DeepSeek，还是其他 AI 公司，一场新的行业洗牌都已经来袭。想要长期保持竞争力，就必须找到轻量化模型和大规模通用模型之间的最优平衡点。在这场 AI 革命中，或许谁能掌握这个平衡点，谁就能成为下一代 AI 时代的领军者。

6.5　AI 发展进入监管新时代

随着 DeepSeek 模型及其他开源 AI 模型的崛起，AI 技术的应用门槛进一步降低，推动了 AI 在各行各业的落地。然而，AI 发展得越快，其带来的挑战也越多，人们也越能意识到它的危险性——AI 有可能制造和传播错误信息，有能力重塑就业格局，以及变得比人类更智能并取代人类。如何对AI技术进行监管已成为当前迫在眉睫的全球议题。

6.5.1 加强AI监管迫在眉睫

从来没有哪项技术能够像AI一样引发人类无限的畅想，而在给人们带来快捷和便利的同时，AI也成为一个突出的国际性科学争议热点，AI技术的颠覆性让我们不得不考虑其背后潜藏的巨大风险。

尤瓦尔·赫拉利在《未来简史》中曾预言，智人时代可能会因技术颠覆，特别是AI和生物工程技术的进步而终结，他认为AI会导致绝大多数人类沦为“无用阶级”。原因在于AI技术并非一项单一技术，其涵盖面广泛，而“智能”二字所涉及的范围几乎可以涵盖所有的人类活动。

今天，随着AI的广泛应用，尤其是DeepSeek模型这样的开源AI进一步深入各行各业，其带来的诸多科技伦理问题引起了社会各界的高度关注。AI可能带来的风险日益显著，涉及数据隐私、伦理风险、虚假信息，以及AI失控等方面。这些问题不仅关乎技术本身，更涉及社会治理、法律制度，以及人类价值观的深层次议题。

在传统的封闭AI模型中，数据通常由大型科技公司集中存储并进行严格管理，但DeepSeek模型作为开源AI，允许个人和企业在本地进行自己的AI训练，数据不再受到统一监管。这虽然提高了AI的可定制性，但也带来了严重的数据安全隐患。如果一家企业利用AI处理客户数据，但若数据管理不当，就可能导致隐私泄露，甚至被恶意分子利用。而更令人担忧的是，一些开发者可能会在无监管的情况下训练AI识别特定人群、进行隐形监视，甚至利用AI进行社会工程攻击。

在伦理风险方面，AI 作为数据驱动的技术，其决策过程是基于大量历史数据和统计规律的，而这些数据本身就可能带有偏见。如果用于 AI 训练的数据源存在不公正性，它可能会继承这些偏见，进一步加剧社会不平等现象。例如，在 AI 招聘系统中，如果过去的招聘数据中男性占据更高比例，AI 可能会倾向推荐男性候选人，从而在无意中加剧了性别歧视问题。在法律判决辅助系统中，AI 可能会因为历史案例的偏差，而对某些群体做出更严厉的裁判。这些问题不仅是技术上的错误，还会引发对社会公平性和道德观念的挑战。

虚假信息泛滥也是 AI 发展带来的重大问题之一。AI 模型具备极强的文本和图像生成能力，能够快速编写文章、合成语音、生成深度伪造视频。这些技术在合法合规的情境下具有很大的应用价值，如帮助企业快速生成营销内容、协助新闻机构撰写报道等。然而，这些技术同样给恶意信息制造者提供了便利，使他们可以低成本、高效率地制造假新闻、伪造身份，甚至操控公众舆论。

据澳大利亚网站 Crikey 报道，在 Adobe Stock 上搜索与“以色列、巴勒斯坦、加沙、哈马斯”相关的关键词时，会检索出大量由 AI 生成的图片（见图 1），这些图片包括抗议、实地冲突场景，甚至是儿童逃离爆炸现场的画面，但所有这些都是由 AI 生成的。例如，搜索巴勒斯坦时显示的第一个结果的标题就是“由 AI 生成的以色列和巴勒斯坦冲突”。

更糟糕的是，这些图片已经出现在一些在线新闻媒体、博客上（见图 2），但没有被标记为“由 AI 生成”。

图 1　AI 图片泛滥，真假难辨

图 2　AI 图片入侵新闻媒体领域

不仅 AI 生成的内容看起来很“真”，而且其创作门槛还极低。几乎任何人都可以使用 AIGC 产品生成自己想要的图片或者其他内容，但问题是，没有人能承担这项技术被滥用的风险。

近年来，AI 生成软件伪造家人朋友的音视频进行诈骗的案例屡见不鲜。2023 年 4 月，中国的郭先生不幸遭遇了 AI 换脸和换声技术诈骗。

诈骗者通过 AI 技术伪装成郭先生的熟人，声称自己在外投标需要高昂的保证金，请求郭先生转账 430 万元。然后，郭先生在视频通话有图有真相、“证实”对方是自己朋友的情况下就转账了。然而，当郭先生把转账成功的信息告诉他的朋友时，才被朋友发现他被骗了。随着 AI 技术的不断发展，当 AI 的“智力”水平超越人类，基于 AI 的新型电诈将会给社会带来新的风险。

更深层次的担忧在于 AI 失控问题。当前 AI 的发展速度远超监管机制的完善速度，而 DeepSeek 模型这样的开源 AI 进一步降低了 AI 训练和部署的门槛，使得 AI 失控的风险进一步加大。如果 AI 进入关键基础设施领域，如电网管理、金融交易、军事防御等，一旦出现失误，就可能会造成灾难性后果。

假设某个国家的电网管理系统全面依赖 AI 技术进行自动化调控，此时，若黑客基于 DeepSeek 训练自己的 AI 模型，进而实施恶意攻击，入侵系统并干扰电力供应，将极有可能引发国家级别的安全危机。

随着 AI 技术在各行各业的深入应用，AI 监管和伦理治理已经成为全球性议题。欧美国家已经开始制定 AI 监管法规，如欧盟颁布的《人工智能法案》要求 AI 系统在涉及高风险应用时，必须具备可解释性和透明度。中国政府也正在推动 AI 的合规发展，加强数据保护、内容审核和 AI 技术的伦理研究。可以说，AI 监管迫在眉睫，对于人类社会而言，这是一个巨大的挑战。

6.5.2　AI 监管的新挑战：去中心化的困境

DeepSeek 在推动 AI 发展取得新突破的同时，也显著增加了 AI 监管的复杂性。过去，对 AI 的监管还相对容易，因为 AI 领域主要由几家大型科技公司主导，这些公司掌控着 AI 的训练、部署和使用过程。例如，OpenAI、谷歌 DeepMind、Anthropic 等企业的 AI 产品大多依赖云端算力，所有 AI 交互数据都会经过服务器，因此政府和监管机构可以通过 API 调用限制、数据跟踪、内容审核等手段，对 AI 进行有效管控。但 DeepSeek 模型这样的开源 AI 带来的 AI 去中心化的新趋势，却使过去的监管方式变得越来越难以适用。

具体来看，封闭 AI 主要依赖云计算，来存储和监控用户的 AI 交互数据。例如，GPT、Gemini、Claude 这些 AI 模型都运行在云端，所有请求都会经过服务器审核，确保 AI 生成的内容不会涉及敏感信息、违法内容或其他违规行为。但 DeepSeek 允许用户在本地部署 AI，这意味着 AI 可以在个人计算机、企业服务器、智能设备上独立运行，而不需要依赖云计算平台。

这种去中心化的 AI 部署模式，将使传统的监管手段失效。监管机构无法通过 API 监控 AI 生成的内容，也无法要求 AI 公司对用户的行为负责，因为用户可以随意修改和调整 AI，使其具备个性化甚至非法用途。如果某个用户在本地运行 DeepSeek 模型，并训练其生成虚假新闻、诈骗邮件、非法文书，监管机构很难发现，也无法阻止。用户甚至可以调整 AI 的训练数据，使其具备网络攻击、伪造法律文件、自动生成虚假身份等危险能力，且不会受到 AI 公司的审查。

在封闭 AI 时代，AI 生成的内容如果涉及违法行为，责任往往归属 AI 公司。例如，如果 ChatGPT 生成了虚假信息并导致不良后果，OpenAI 可能需要承担一定的法律责任，并通过修改模型或调整内容审核机制来规避风险。然而，在开源 AI 时代，责任归属变得更加复杂。

一个最简单的问题是，如果 AI 生成了违法内容，谁该负责？DeepSeek 作为开源 AI 的提供者，是否需要对用户的滥用行为负责？另外，AI 被用于犯罪时，如何追责？过去，AI 由科技公司控制，因此可以通过法律手段要求这些公司负责，但如果是个人用户在本地运行 AI，并利用其进行诈骗、黑客攻击等犯罪活动，执法机构是否能找到责任主体？

这种责任归属的不确定性以及追责的高难度，使得 AI 监管面临更大的挑战。因此，随着 DeepSeek 模型这样的开源 AI 逐渐深入各行各业，AI 监管模式也将改变。AI 监管已经进入了一个新时代，各国政府、科技公司、法律界都需要为 AI 的未来制定更完善的规则，以确保 AI 在创新的同时，不会成为社会风险的源头。

后记：创业者精神才是创新原动力

DeepSeek 的爆火是意料之外，因为在 DeepSeek 诞生之前，全球 AI 领域几乎已经被 OpenAI、谷歌、Anthropic 等明星企业和科技巨头垄断，几乎没有人能想到，还有公司能挑战它们的统治地位。

然而，DeepSeek 做成了。它不仅打造了一款极具性价比且性能强悍的 AI 模型，更令人惊讶的是，这家企业来自中国。

DeepSeek 甚至搅动了全球股市，令一贯“科技自恋”的美国精英都感到震惊，美国遭遇步入 AI 时代以来的第一记重锤。DeepSeek 的成功，也让印度、欧洲等 AI 领域后发经济体重新燃起追赶美国的希望。

在 DeepSeek 爆火全球的同时，另一个现象级的热点来自影视行业——《哪吒之魔童闹海》（《哪吒 2》）票房刷新亚洲电影纪录，跻身全球影史票房榜 TOP10。

DeepSeek 与《哪吒 2》，一个是 AI 领域的技术奇迹，一个是国漫产业的巅峰之作，同一时间，DeepSeek 背后的梁文锋和《哪吒 2》的导演饺子（本名杨宇）也受到了极大的关注：他们到底是凭什么做到的？

答案很简单，创业者精神。

如果说 DeepSeek 之所以能取得今天的成就，是因为技术突破和市场需求的结合，那么更深层次的原因，则是梁文锋身上所具备的创业者精神，而创业者精神最重要的一点，就是敢于创新。

AI 领域从来不缺资金和人才，但在巨头林立的时代，想要突破封锁、打破行业格局，需要的不仅是聪明才智，更需要创业者敢于挑战权威、敢于做出不同选择的精神。DeepSeek 之所以对美国产生如此大的冲击，就是因为它打破了美国 AI 企业烧钱、拼芯片的常规思路。DeepSeek 通过混合专家模型架构和多头潜在注意力机制、强化学习等实现算法创新，以及大胆的开源模式，最终带来了 AI 领域的一场低成本颠覆。

显然，梁文锋是一个敢于创新的人，他毕业后在许多领域都尝试引入 AI，最终在金融领域取得了耀眼的成绩。非同寻常的是，他没有止步于此。2023 年，梁文锋宣布进军通用人工智能领域，创办 DeepSeek，专注大模型的研究和开发，并最终一鸣惊人。

值得一提的是，在创新的过程中，兴趣爱好的力量巨大。梁文锋是基于兴趣爱好去做事的，他不做产品，也不为了做大公司而去融资。他想要做的就是怎么能在 AGI 上有突破。因为他本身的动因是好奇，所以他能够将 DeepSeek 模型开源，形成如此巨大的影响力。

正如梁文锋在公开场合所表示的：

“大部分中国公司习惯 follow，而不是创新。过去三十年，我们都只强调赚钱，对创新是忽视的。创新不完全是商业驱动的，还需要好奇心和创造欲。我们只是被过去那种惯性束缚了。中国科技公司缺的不是资本，而是缺乏信心，以及不知道如何组织高密度人才。”

“从商业角度来讲，基础研究的投入回报比很低。既然我们想做这个事，又有这个能力，这个时间点上，我们就是最合适人选之一。从最早的 1 张卡，到 2015 年的 100 张卡、2019 年的 1000 张卡，再到 10000 张，这个过程是逐步发生的。很多人会以为这里边有一个不为人知的商业逻辑，但其实主要是好奇心驱动，对 AI 能力边界的好奇。”

与梁文锋一样，《哪吒 2》的导演饺子，同样是一个追求极致的创业者和创新者。在中国动画行业还没有成熟的工业化体系时，饺子凭借自己的坚持，用数年的时间打造出了《哪吒》系列。

饺子原本毕业于四川大学华西药学院，大学期间接触到动画制作软件。大三某夜解剖课后，饺子在日记里写道：“实验室的福尔马林气味中，我听见混天绫撕裂空气的爆响。”毕业后，饺子曾就职于一家广告公司，不久便选择辞职并隐居三年半创作个人作品，就靠母亲每月 1000 元的退休金维持生活。他听评书、听音乐、看电影动漫，沉浸在自己的动画梦想中，被嘲讽为“啃老族”“失业废柴”，是邻里嚼舌根的对象、别人家教育孩子的对照组，连朋友也觉得他的目标是天方夜谭。可以说，饺子并不是传统意义上的大导演，而是一个从零开始，在最不被看好的时候，敢想敢做的人。

AI 发展至今，人们越来越意识到，AI 本身不是目的，而是工具。DeepSeek 的成功，并不仅是因为其技术本身有多么先进，而是因为它让更多人可以用 AI 做更多的事。过去，AI 是高成本、高门槛的科技产物，只有大型科技公司才能真正运用 AI 进行商业化应用，而 DeepSeek 让 AI 变得更自由，让更多人可以利用 AI 创造自己的产品。

这其实也是创业者精神的另一种体现——技术不是为了技术本身，而是为了赋能更多的人。梁文锋深知，真正决定 AI 未来的，并不是哪一个大模型更强，而是 AI 能否真正进入千行百业，帮助普通人提高生产力。而 DeepSeek 选择开源，就是最好的证明。

这与《哪吒 2》的成功不谋而合。中国动画电影过去一直被认为是小众市场，很难与好莱坞的动画大片竞争，但《哪吒 2》证明了，只要做出真正优秀的作品，就可以打破行业的天花板，让中国动画电影成为全球电影市场的重要力量。AI 的发展路径，与动画行业的变革，本质上是一样的——创新者打破规则，创造新的可能。

如果说 AI 领域的竞争，最终是技术、算力、数据的竞争，那更深层次的竞争，其实是人才和思维的竞争。为什么是梁文锋？为什么是饺子？这些问题的答案，都可以归结为一点：他们是时代的创业者。

在 AI 领域，OpenAI、谷歌、微软等公司占据了绝对的优势，但 DeepSeek 证明了，即便在成熟的赛道里，也依然有突破的机会。不是所有 AI 公司都必须做出像 GPT-4 那样的通用大模型，而是可以找到更灵活、更适合市场需求的路径，实现超越。

AI 竞争还远未结束，DeepSeek 还会继续走下去，它也许会被更强的 AI 公司取代，但它的企业精神不会消失。就像在《哪吒 2》之后，中国电影还会继续迎来更多的突破，行业的变革永远不会停止。

创业者精神，才是创新原动力。真正决定一个行业、一个国家能走多远的，不是资本，不是市场，而是那些敢于创造、敢于挑战、敢于打破旧规则的人。DeepSeek 和《哪吒 2》，只是新时代产物的一角，真正的变革，才刚刚开始。

DeepSeek 和《哪吒 2》，让世界再次看到中国力量，看到中国创新的力量。也让我们看到，任何一个时代，年轻人永远都有希望，都是那股意想不到的奇迹与变革的创造者。